「宇宙のすべてを支配する数式」をパパに習ってみた

天才物理学者・浪速阪《なにわざか》教授の70分講義

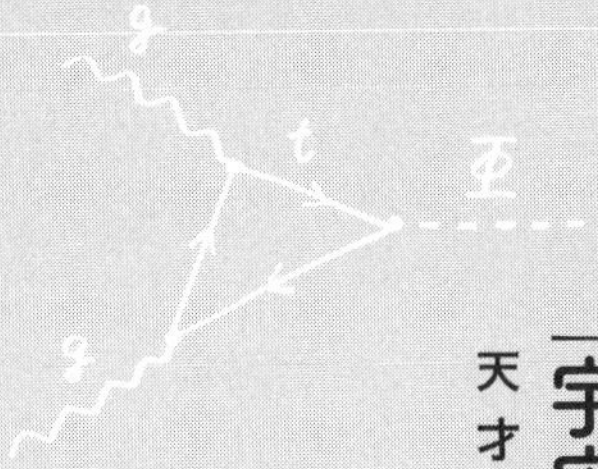

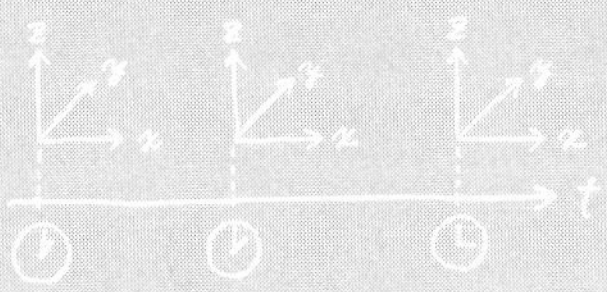

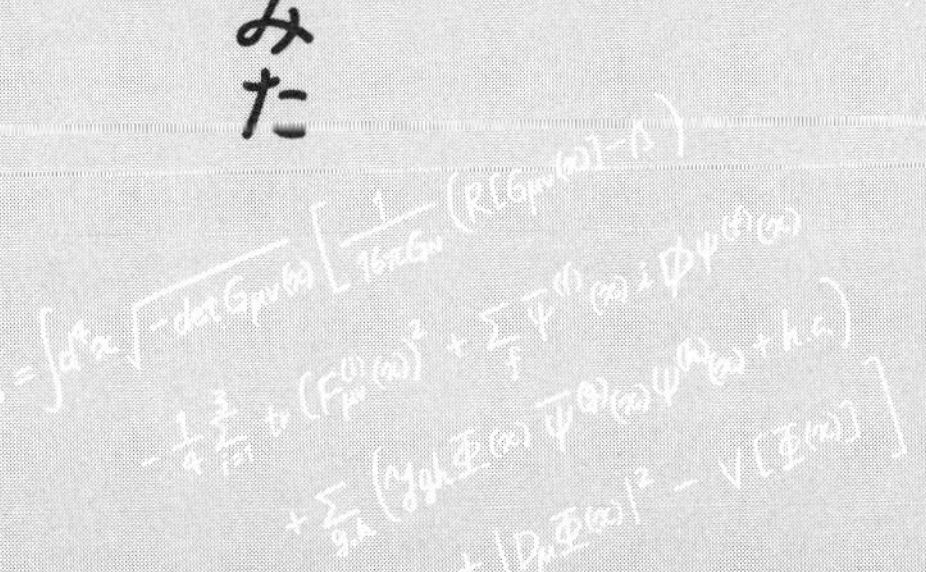

目次

「宇宙のすべてを支配する数式」をパパに習ってみた　天才物理学者・浪速阪《なにわざか》教授の70分講義

【 主な登場人物 】

パパ（浪速阪《なにわざか》教授）

一見風采の上がらない中年男だが、じつは関西の某名門旧帝大で素粒子論を研究する世界的物理学者。何か科学的な閃きがあると、考え込んで部屋の中や公園をところ構わずウロウロする癖があり、娘の美咲からは残念ながらあまり尊敬されていない。関西人。

美咲

浪速阪教授の娘。高校3年生。前作『超ひも理論をパパに習ってみた』で浪速阪教授から1週間かけて素粒子と異次元の物理学を講義されるが、大部分忘れている。関西人を父親に持つが、東京育ちのため標準語で話す。LINEアイコンはパンダ。

リカ

美咲の高校での同級生。綺麗な星や銀河や宇宙の話題が好きな、宙《そら》ガール初心者。何かと悩みが多い年頃なので、宇宙の壮大な話を聞いてちょっと気分を変えたがっている。よく美咲の家に遊びに来る。LINE アイコンは土星ネックレス。

予習

宇宙を支配するパパ

「ねえリカ、そんな恋の悩み、４次元空間ならわかっちゃうかもしれないよ」

「リカこそ、もうちょっと、視点を変えてみなよ。そしたらぜーんぶ解決するかもしれないよ」

「あのねぇ美咲、最近ときどき、言ってることおかしいよ」

思ったことあったけど、特に先週から、しゃべることが違う方向に進んじゃってる気がする。

美咲は最近、おかしい。高１で初めて会ったときから、ちょっとおかしいこと言う子だなって
「は？　美咲、何言ってんの？」


美咲は高校の親友で、東京から引っ越してきたっていう点で一緒だから、この大阪ですぐに親しくなった。お互いに何でも話すから、ちょっと何かが変わってもすぐ気づく。今日は美咲の家にお邪魔して、宿題を一緒にやっているうちに、やっぱり話が恋の悩みになってしまっていた。

「彼とは遠距離だってわかってても、ＬＩＮＥの返事が遅かったら、へこんじゃうのよ。美咲にもわかってもらいたいなぁ」

「待ってる間に宿題すればいいじゃん。時間の流れなんて相対的なもんよ」

「は？　美咲、私の話、ちゃんと聞いてる？　はぐらかしてるでしょ」

「視点を変えてみるのよ、恋愛問題を見る視点をね」

「視点を変えるって言ってもさ、簡単にできたら苦労しないよ。美咲はできるの？」

「うーん、ま、そうよね、難しいね、ごめん。でも例えば、うちのパパなんてさ、視点が違いすぎて、私の苦労も全然伝わらないからねぇ」

美咲はそう言って、高い声で笑った。そういえば、美咲のお父さんは科学者で、大学の先生らしい。先週の休日、美咲と一緒に大学を見学させてもらったんだった。

「へぇ〜、『美咲パパ』は視点が違うの？」

「リカも知ってるでしょ、うちのパパがちょっと変なの。あれ、視点が違うのよ」

「たしかに、働いてるサラリーマンには見えないようなカッコはしてるけど、視点が違うっていうのは羨ましいね。私も新しい視点が欲しいなあ。そしたら悩みも吹っ飛んじゃうかもしれないのに」

美咲はギョッとして、私の目をまじまじと見た。５秒ほど沈黙して、そして突然言った。

「じゃあ、パパとしゃべってみるといいよ、今日はどうしてか知らないけど家にいるから」

「ちょ、ちょっと待ってよ！」

と言うのは遅かった。美咲は部屋のドアを急に開けて、美咲パパが居間にいるか見に行ってしまった。恐る恐る美咲のあとを追いかけていくと、美咲は廊下で隠れるように立っていて、居間のほうを指差しながらコソコソと話した。

「リカ、居間でパパがウロウロしてるの見えるでしょ」

そーっと居間をのぞき見ると、美咲パパが、足元のカーペットを見ながら、ソファのまわりをぐるぐると歩いているのが目に入った。考え込んでいるようで、こちらに気づかない。そのまま観察していたけど、美咲パパの動き方は変わらなかった。放っておいたら、永久にあの動きをしているのかもしれない。

「パパ！　リカがパパと話したいんだって！」

美咲パパは、ビクッとして、足を止めた。

「アホ！　人に話しかけるときは、も少し手加減せェや。あ、リカちゃん、こんにちは。今日も美咲と一緒に宿題？」

「あ、はい、お邪魔してます」

本当は、美咲の家にお邪魔するときに挨拶したんだけど、美咲パパはそのときもぐるぐる回ってたから気づかなかったみたいで、今ようやく。やっぱり美咲パパは少し変わってるかも。ひょっとして、私が美咲んちにお邪魔したときからずっとああやってウロウロしてるのかもしれない。私はなんだか可笑しくなって、吹き出すのをこらえていた。

「パパ、リカが悩みがあって、視点を変えたいらしいのよ」

「もう美咲、なんでそんなこと言うのよ！」

私は顔がどんどん赤くなっていくのを感じた。けど美咲パパはそんなこと全然気にしてないみたい。

「ほぅ、悩みあるんかぁ。そりゃ高3やもんなぁ。恋の悩み、とかか？」

汗がどっと吹き出してきた。私が否定しようと口を開いた途端、美咲が間に割って入って、

「パパ、よくわかったね。パパも一応、人間ぽいところあるのね。そうよ、遠距離恋愛の悩みで、彼からLINEの返事が遅いって、ずっと沈んでるの」

「なぁんや。遠距離の問題か。そんなん物理でナロタやろ、逆2乗法則、ちゅうのを。重力でも電気の力でも、距離の逆2乗に比例して小さくなるんや。遠距離になればなるほど、その2乗の逆数に比例して、引力は小さくなるもんや。ほしたら遠距離恋愛で間遠になるのも宇宙の真理やから、どないしようもないやんけ」

私はポカーンとその話を聞いていた。は？　逆2乗法則？

「ニュートンの万有引力の法則ってあるやろ。あれ、重力の法則のことや。あらゆるものの間には重力が働いとる。リカちゃんと彼氏の間にも、な。そやけどな、その引力は、離れれば離れるほど、小さくなってしまうんや。しかも、距離の2乗に反比例してまうから、離れると、ものすごぅ小さくなってまうんや。自然の摂理やから、しゃあないねん」

美咲パパは何のことを言っているんだろう。いま、恋の悩みの話じゃなかったっけ？

「よっしゃ、ちょっと計算したろか」

と大きな声で言った美咲パパは、そばにあったメモ用紙に、ペンで小さな字で数式を書き始めた。ブツブツ言いながら。

「……よっしゃ、簡単のために、リカちゃんと彼氏が摩擦の無い宇宙空間で100メートル離れているとしよう……二人の体重は、そやな、それぞれ50キログラムと仮定しよう。ほしたら、ニュートンの法則で運動方程式書いて……二人が出会うのは……およそ半年後やな。うん、万有引力のみで出会うには半年かかるな。リカちゃん、半年よりは、まだ待ってる時間は短いやろ。大丈夫やで、大丈夫」

私は、メモ用紙に書き散らされた数式を眺めていた。よくわからない式が並んでいる。けれどもたしかに、紙の最後のところに「イコール半年（およそ）」と書かれている。

「パパ、あのねぇ。世の中の人間関係は複雑なんだよ。高校生の社会も大変なんだよ。そんな数式一つで解決できるようなもんじゃないんだから」

「えぇー？　『世の中』ゆうたら宇宙のことやん！　宇宙でいっちゃん効いてんのは、重力やん！」

美咲は目を丸くして美咲パパを眺めている。

「あんなぁ、人間の考えてることなんて、ほんま、ちっぽけなもんやで。宇宙に比べたら、な。何せ、この宇宙のすべてはたった一つの数式で書かれてるんやからなぁ。その数式いじってたら、悩みなんか飛んでいって、宇宙を支配してる気分になれるで」

へ？　この宇宙のすべてはたった一つの数式で書かれてる？

第0講義

この宇宙のすべてを記述する数式がある！

何せ、この宇宙のすべてはたった一つの数式で書かれてるんやからなぁ。

この、美咲パパの言葉が、すぐには飲み込めなかった。「この宇宙のすべてが一つの数式で書かれてる」って、どういうこと？　この宇宙のすべて？　それって、星とか銀河とか、そういうこと？

きっと私がポカンとした顔をしてたからだろう。美咲パパは、私と美咲を交互に見てる。

「ワハハ、すまんすまん。ついつい話が飛んでしもたな、ようさ美咲に怒られんねん、パパは話が飛ぶから変人に思われるよーって」

「いえ、そうじゃなくて」

と私は言いかけて、そこで口が止まってしまった。そうじゃなくて、そうじゃなくて。思い切って言葉を続けてみた。

「私、宇宙が一つの式で書かれてるとか、聞いたことなかったんで」

すると美咲パパは、少しニヤッとして、

「宇宙のすべてを支配する数式、もし知ったら、ハマるでぇ。もうゾッコンになるで。せやかて、ほんまに宇宙を支配しとるからなぁ。どう、見てみたい？」

え、その数式、見られる？　宇宙のすべての数式なら、ものすごく複雑なんじゃない？　そもそも、一つの式？　おかしくない？　しかも、そもそも、書けるの？　たとえ、たとえ、書けたとしても、複雑すぎて書けないんじゃないの？　だって、宇宙のすべてって、あらゆることなんだったら、ものすごく情報があるんだから、えっと、数学の教科書1冊全部、数式になる、みたいな？　いや、学校の図書室全部の本にやっと書けるくらい？　いや、宇宙のすべてだったら、大きな図書館の本全部くらい？　うーん、長すぎて多すぎて、数式が日本に収まりきらないくらい長いんじゃない？　ぜったい、書けないでしょ？

　私は美咲パパを疑い始めた。美咲からは科学者って聞いてるけど、私たちをからかって、大きなことを言ってるだけなんじゃないか。大阪の人はこれだから困る。私の両親は東京出身だから、こんなに馴れ馴れしく大げさなこと言わない。絶対にからかわれてるんだ。眉間にしわがより始めたそのとき、美咲が割って入った。

「パパ、私たちまだ高校生だからって、からかわないでよね。そんな数式があるなら、見せてみなさいよ」

　すると美咲パパは、ええで、とひとこと言って、メモ用紙をもう1枚持ってきた。

「ここに書くから、よう見とけよ〜」

　居間の低い机の上にメモ用紙を置いて、黒いペンでそこにスラスラと書き始めた。

　その数式には、見たこともない記号がどんどん使われていった。学校の数学で出てきた積分記号「∫」もある。そして、たった4行で書き終わった。私たちはのぞき込んだ。

$$
\begin{aligned}
S = \int d^4x \sqrt{-\det G_{\mu\nu}(x)} \Bigg[& \frac{1}{16\pi G_N}\Big(R[G_{\mu\nu}(x)] - \Lambda\Big) \\
& - \frac{1}{4}\sum_{i=1}^{3} \mathrm{tr}\left(F_{\mu\nu}^{(i)}(x)\right)^2 + \sum_f \overline{\psi}^{(f)}(x)\, i\not{D}\, \psi^{(f)}(x) \\
& + \sum_{g,h}\left(y_{gh}\, \Phi(x)\, \overline{\psi}^{(g)}(x)\, \psi^{(h)}(x) + h.c.\right) \\
& + |D_\mu \Phi(x)|^2 - V[\Phi(x)] \Bigg]
\end{aligned}
$$

図1

へ？　このたった4行の数式が、宇宙のすべてを支配してるの？　ホントに⁇

私は美咲と顔を見合わせた。

「え、これだけ？」

美咲パパは書き終わって立ち上がり、私たちを上から見て、ニヤニヤしている。美咲はコソコソ声で私に言った。

「ねぇリカ、私たち、バカにされてるのよ。きっとパパは私を試そうとしてるの。高校生だから科学のことがわからないだろうって、バカにしてるのよ」

「美咲、この式見たことある？　あんたのパパでしょ、こういうの、家で話したりするんでしょ」

「あるわけないじゃん。そもそもぉ、宇宙が一つの式で書けてたら、私たちが今勉強してる物理の運動方程式とか、あれ何なのよ」

「さっすが美咲、するどい」

私は美咲が即座にこの数式と高校の物理の教科書の数式を結びつけたことにびっくりした。ひょっとしてこの親子、何か隠してるんじゃないの。

「なぁにをゴニョゴニョ言うとんねん。まあ1回、この式、書いてみ」

美咲パパはそう言って、私にポンと黒ペンを投げた。

おおっと。受け取った私は戸惑って美咲を見ると、美咲は片眉をあげてウインクした。うー。仕方ない、書いてみるかな。

「あの、私、わからない記号ばっかりで、間違いそう」

「ええねんで。知らんことを書いてみるのは楽しいで。それに、この宇宙を支配する数式を書くことなんか、一生に1回かもしれんで。きっちり書いてみぃや」

そう言われたらなんだか、綺麗《きれい》に書いてやろうという気になってきた。美咲パパが書きなぐった読みにくい式だけど、たった4行だし。

「えっと、まずはSね。イコール、っと。次は積分。dが4乗されてるからいつもの積分と違うけど。で、ルートのマイナスg」

私は読みながら一つずつ書いていった。

「この記号は見たことないなあ。これ、なんて読むんですか？」

私は1行目の途中の「Λ」という記号を指差した。

「ああ、これはギリシャ文字で、『ラムダ』って読むねん。宇宙項やな」

宇宙項！　宇宙を表す項？　この式、何？　宇宙の式なの？

さっき美咲パパは、宇宙がこの一つの式で書かれてる、って言ってた。宇宙が一つの式！

私は一つ一つ、記号を書いていった。全くわからないけど。でも、宇宙がこの式で書かれていると思うと、ちょっとだけ、ドキドキしてきた。今、宇宙の式を私は書いてる？

最後の記号を書き終えて、自分の式を見てみると、ガタガタになっていた。明らかに書きなれている美咲パパの書いた数式と、似て非なるものに思えた。

「最後の記号も知らない記号なんですけど」

「これは『ファイ』って読んで、ヒッグス粒子のことや」

ヒッグス粒子？　それって、たしか、小学校か中学のときにニュースでやってたやつだ。「素粒子が発見された」って大きなニュースになってた。うーん、素粒子？　素粒子って、目にも見えない小さな粒のことよね？　今私が書いた式は宇宙の式じゃないの？　素粒子の式なの？

この世で一番大きいはずの「宇宙」と、この世で一番小さいはずの「素粒子」が両方とも入っている数式。この数式には、とんでもない秘密がありそうに見える。宇宙の大きさと素粒子の小ささ。その間に、私の大きさとか、地球の大きさとか、全部入るよね。この数式は何者？

私は、自分の書いた数式を凝視して、固まってしまった。

「リカ？　リカ？」

美咲が私の目線を手でさえぎって、私は我に返った。

「リカはこの数式、気に入ったみたいよ」

美咲は美咲パパににっこりして言った。そう言う美咲も、横でこの数式を書きたそうにしていたけど。

「どや、この『宇宙のすべてを支配する数式』を、これから二人に教えたろか。一日10分で、1週間でわかるようにしたるで」

「パパ、またその手で来たのね！　こんどはちゃんとわからせなかったら、承知しないんだから」

え、美咲？「こんどは」って、どういうこと？　ひょっとして、美咲パパにいろいろと習ってたから、このところ反応がおかしかったんじゃない……

「そやかて、わかるように教えたつもりやねんけどな」

「わかった気にはなっても、あとから疑問がどんどん湧いてきて、結局わかってないみたいになるから」

「そんなんは美咲の責任やろ、しゃあないやんけ」

「しゃあないとは失礼よね、自分の娘に」

私は二人の応酬にあっけにとられていたけれど、どうやら、美咲パパの毎日10分の講義を二人で受けることになったみたいだった。

ま、ちょっと興味出てきたんだけどね。

あれ？　そういえば、悩みのことで美咲パパに話しにきたはずだったのに、悩みを忘れてた！

ひょっとしたら、これから、宇宙と素粒子のことが気になり始めて、たしかに、視点が変わっちやうかも。

「ほな、明日宿題終わったら二人で居間へ降りて来《き》いや。ちょっとずつ教えたるから」

とリカのLINE

【浪速阪《なにわざか》のメール】　2月12日

Subject: draft

Mさん、Yさん

ドラフトの修正をしました。

billiardver15.tex　です。

僕の修正点は太字になっているので、もし大丈夫だったら太字を元の字に戻してください。（適宜さらに修正してください。）

僕はこれで満足です。


来週、基研で量子情報の研究会に呼ばれているんですが、この話も混ぜて講演してみようかとも思っています。どうでしょうか？

浪速阪 章六

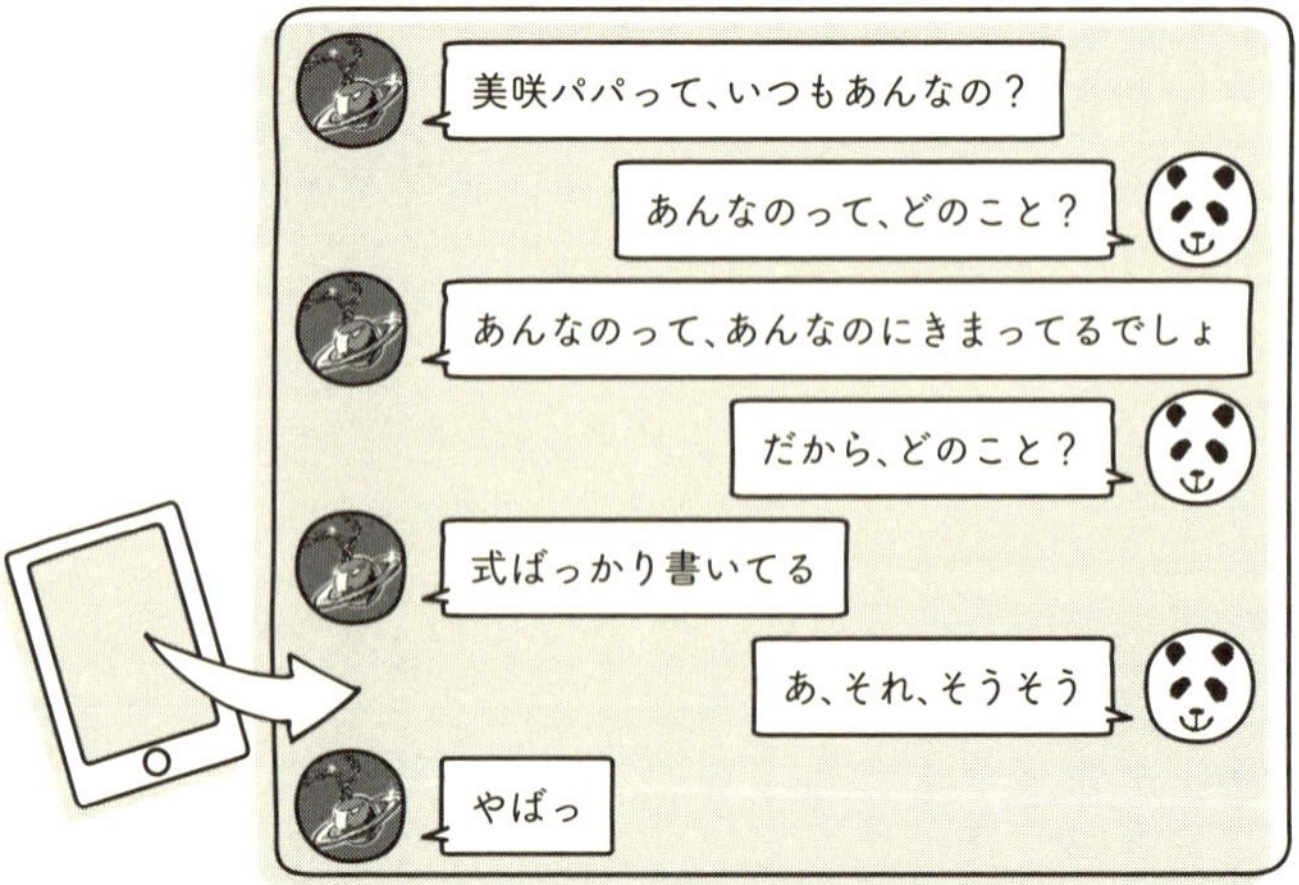

美咲パパって、いつもあんなの？
あんなのって、どのこと？
あんなのって、あんなのにきまってるでしょ
だから、どのこと？
式ばっかり書いてる
あ、それ、そうそう
やばっ

さらに深く知りたい方へ

0 素粒子の数式

こんにちは。素粒子物理学の世界へ、ようこそ。

本書では、「宇宙を支配する数式」と呼ぶ一つの数式を、みなさんと一緒に眺めていきます。各講義自体は、高校生の知識のみを前提としています。一方、各講義の章末には、このように「さらに深く知りたい方へ」を設けており、その講義の内容をより深く知ることができるようになっています。

初めて読まれる方は、「さらに深く知りたい方へ」の部分を読む必要はありません。本文のストーリー（講義）部分は、「さらに深く知りたい方へ」を参照しなくても読めるようになっています。一方、「さらに深く知りたい方へ」では、大学や大学院の物理で学ぶ単語も頻出しますので、これから調べてみたいな、さらにどんな話が広がっているのかな、と思ったときに参照されるのがよいかと思います。

さて、「美咲パパ」が持ち出してきた、4行の数式。これは、「素粒子の標準模型」と呼ばれるものに、重力作用を加えたものです。この世界を構成する18種類の素粒子の（実際に発見された17種類に、未確認の重力子を加えたもの)、運動や相互作用を司る式です。具体的には、この数式は「場の量子論の作用」と呼ばれるものの一種です。「素粒子の標準模型」は、場の量子論の一種です。それが、この宇宙を支配しているのです。

「場の量子論」とは何でしょうか。高校の物理の教科書では、最後の単元として「原子の世界」を学びます。そこでは、水素原子から発せられる光の波長(これをスペクトルと呼びます)が、なぜか飛び飛びの値しか取りえないことが実験で判明する、ということが書かれています。この不思議な現象の説明をするために、20世紀初頭に登場したのが、「量子力学」という考え方です。物質の根源である素粒子は、粒でもあり、また同時に波でもある、という不思議な考え方を、人類は強要されます。そう考えないと、実験結果をうまく説明できないのです。このような不思議な「量子力学」を、水素原子の中の電子に適用すると、スペクトルが飛び飛びの値をとることが計算され、実験結果を再現する理論が作られます。

「場の量子論」とは、量子力学の親玉のようなものです。場の量子論から、量子力学が導出されます。量子力学は基本的に1個の電子を取り扱う理論体系です。一方、場の量子論は、電子がたくさんある場合を取り扱える、量子力学の一般化です。

この宇宙には、数えられないほどたくさんの電子がありますよね。それらすべてを同じ立場から取り扱うことができる理論体系が、場の量子論なのです。場の量子論を学ぶのは大学院ですから、高度な数学を用います。しかし本書ではあえて、みなさんにその場の量子論に親しんでもらいたい、と考えました。

さあ、素粒子物理学の世界へ、旅立ちましょう。

第1講義

数式は長いけど、たった一つ

「ねぇ美咲」

次の日、美咲の家で一緒に宿題をしながら、恐る恐る聞いてみた。

「美咲パパって、なんか、変だよね。ぶっ飛んでるっていうか」

「まあ、リカがそう言うのも無理はないね。私もずっと前からそう思ってたよ」

「だって美咲パパって、よく家にいるじゃない？ 普通、仕事してたらスーツ着て会社とか行くでしょ」

美咲は、眉間にしわを寄せて、困った顔をしていた。

「まあ、大学の先生だとスーツ着ないらしいよ」

「それ、ホントかなぁ。テレビで解説とかに出てくる大学の先生っぽい人はみんなスーツ着てるよ。しかも、美咲パパって、何でもかんでも物理の話にしたがらない？ 昨日も、私の遠距離の話を引力がどうこうって解決しようとしてたでしょ。おかしいよね。常識が通用しない、というか」

「へぇー、リカから見るとそういうパパっておかしいんだ」

え、おかしいよね？ ひょっとして美咲は、こんな美咲パパの子供だから、おかしいと思ってなかったんだろうか。美咲の目を見つめてしまったからか、美咲は顔を上げて、考えるように言った。

「そういえばパパは、人と違うことをやり始めちゃうときがある。私たち家族が止めに入ることもあるね。例えば、駅前広場のタイルがあるでしょ、あれを見ながら考え始めて、このタイルはここじゃダメだとか言い出して。理由を聞いたら、タイルの並び方のパターンがおかしいんだって。それで、私も一緒に、ちゃんとしたタイルの並び方を見つけようと、パパと駅前広場で話し合ってたのよ。そしたら最後にパパは、タイルを掘り起こして入れ替えようとしたことがあるのよ。私、パパを止めた」

キャハハ、と無邪気に笑う美咲を見て、私は心底、びっくりするしかなかった。美咲はどうやら、タイルを掘り起こそうとしているパパを止めたことが、面白エピソードになっていると思っているみたいだけど、うーん、そこじゃないよね？　びっくりするとこは！　美咲パパと美咲で、ちゃんとしたタイルの並び方を一緒に探しているところが、すでにおかしいよね？

やっぱり、美咲もすでにズレている。この家族は何だかズレているよ。不思議な家族だ……

「あー、もう宿題めんどう！　リカ、休憩しよ、休憩。パパのとこ行くよ！」

美咲は有無を言わさず、私を部屋から居間に連れ出した。

「あ、こんにちは、今日もお邪魔してます」

美咲パパは居間の机でノートパソコンを開いて、画面を見つめて、ピクリともしない。

「パパ！　リカ連れてきたよ！」

美咲パパはビクッとして、振り返った。

「おまえビックリするやろ、もうよう言わんわ」

「リカが挨拶してるのに無視するからよ」

「おぅ、そりゃすまんすまん。リカちゃん堪忍な。今ちょっと計算でええとこやったから」

計算？　パソコンで計算をしてるんだろうか。ちらりとパソコンの画面をのぞいてみると、いろいろな記号が並んだ、プログラムみたいに見えた。学校のプログラミング部の友達が使ってるパソコンの画面に、似てるような気もする。

「リカちゃんもこれに興味あるか。これはな、マセマティカゆうてな、研究者が日常的に使《つこ》てる計算ソフトや。微分したり積分したり、方程式解いたり、自由自在やで」

「へー。そんなにパソコンが数学を解いてくれるんだったら、私たちが高校で勉強させられてる数学は、何なんでしょうね」

「ほっほー、ええことゆうなぁ。それはな、マセマティカは命令したら解いてくれるけど、何を命令するかは、人間が決めるんや。宇宙のどういう問題をどう設定するか、それは、人間が決めることなんやで」

どういう問題をどう設定するか……人間って、そんなに偉いのね……

「どや、リカちゃんは宇宙とか興味あるんかいな？　僕は宇宙の研究しとるんやけどな」

「宇宙の研究？　そうなんですか！　私も宇宙好きなんです。星とか綺麗ですよね」

「へぇ、リカちゃん、今流行りの『宙《そら》ガール』かいな」

流行ってるのかな……？　まあいっか。

「まあ、星空を見て綺麗だなって思うだけで、専門的なことはわかんないですけど……。宇宙の研究って、口径何メートルもある大きな望遠鏡とかのぞいてたり、宇宙にロケットで探査機を打ち上げたりするんですよね。はやぶさがイトカワから無事帰ってきた時とか、私ほんと感動しました。宇宙ヤバイです」

美咲パパは大きな声でハハハと笑って、

「いやいや、僕の研究は『素粒子物理』ゆうてな、自分で望遠鏡のぞいたりはせえへんし、探査機も飛ばさへん」

「え、じゃあ何やってるんですか？」

「結局のところ宇宙が何からできてるか、マセマティカみたいに数式で調べてるねん。望遠鏡使てる天体物理学者の観測結果を、たくさんもろてな」

へぇ、宇宙って言ってもいろいろあるのね。私、星を見るのが好きだから、宇宙って星のことかと思ってた。うーん、じゃぁ、宇宙って何だろう……

「おっしゃ、昨日の続きの話、しよな」

美咲パパは、昨日私が書いた数式の紙を持ち出してきた。

$$S=\int d^4x\sqrt{-\det G_{\mu\nu}(x)}\Bigg[\frac{1}{16\pi G_N}\Big(R[G_{\mu\nu}(x)]-\Lambda\Big)-\frac{1}{4}\sum_{i=1}^{3}\mathrm{tr}\left(F^{(i)}_{\mu\nu}(x)\right)^2+\sum_f\overline{\Psi}^{(f)}(x)\,i\not{D}\,\Psi^{(f)}(x)+\sum_{g,h}\left(y_{gh}\,\Phi(x)\,\overline{\Psi}^{(g)}(x)\,\Psi^{(h)}(x)+h.c.\right)+\left|D_\mu\Phi(x)\right|^2-V[\Phi(x)]\Bigg]$$

素粒子の標準模型の作用
（に重力の作用を加えたもの）

図2

「これは、宇宙のすべてを支配する数式、や。それって、どういう意味?って思うやろ」

この4行の式が、宇宙のすべてを支配している。そんなわけないよね。

「じつは、な、この意味を理解するためには、次の二つだけ、わかればええんや。第1に、宇宙は素粒子でできてる。第2に、素粒子には運動方程式がある。これだけや」

そこに美咲が口を挟んだ。

「パパ、またうまいこと言って、私たちをはぐらかそうとしてるでしょ。宇宙って言ったって、いろいろあるよね。星とか、銀河とか。で、地球もあるし」

「おお美咲、ええこと言うやん。そうや、ひとことに『宇宙』ゆうても、ほんまにいろんな現象があるわな。けど、いろんな『モノ』があるわけちゃうねん。じつはな、この宇宙は、ほぼ18種類の素粒子でぜーんぶできてることがわかってるねん」

え? わかってる?

「人類の知識は、な、すごいところまですでに到達しとるんや。宇宙のあらゆるものを切り刻んだとするやろ。例えば、この机でもええし」

そう言って美咲パパは、机を指でトントンと叩いた。

「どんどん切り刻んでいくと、最終的には、人間のテクノロジーでは分割でけへん最小のとこまでいくんや。それを、素粒子って呼んでるねん。分割でけへんから、その大きさはわからへん。点や。それでな、おもろいことに、どんな物質を切り刻んでも、結局、同じ素粒子が出てくる、ちゅうことがわかったんや。それが18種類やな」

　思わず、私は聞いてしまった。

「あの、18種類って、どんな素粒子があるんですか」

「お、リカちゃん興味出てきたか、よっしゃよっしゃ。あとで、その18種類、全部教えたるで。けどな、今は一つだけ教えといたろう。電子も18種類のうちの一つや」

「電子って、電流の？」

「そや、電流は、電線の中を電子が流れている、っちゅうもんや。大量の電子が流れているけれども、じつはどの電子も、同じ電子。区別することはでけへんのや。そやから、僕ら人間の中の原子とか分子の中の電子も、コンセントの電流の電子も、銀河の向こうにある電子も、おんなじ電子なんや」

　同じ電子って、どうやってわかるんだろう？　私は美咲の顔を見た。そしたら、美咲も私の顔を見た。で、美咲パパにすかさず聞いた。

「パパ、同じ電子って、どうやってわかるの？」

「ははは、それはやな。まず、二つの電子を交換しても、現象が変わらへん、ということを仮定して計算してみると、その結果は、実験結果に合うんや。そういうふうにして、いろんな科学の仮説が検証されていくんやで。この、宇宙を支配する数式は、そんなふうにして出来上がってきたんや」

「すいません、全然わからないんですけど、じゃあ、電子と、この式と、どんな関係があるんですか？」

「リカちゃん、するどいね。あんなぁ、『運動方程式』って学校で勉強したやろ。あれや、あれ。この式は、電子の運動方程式を出す、親玉みたいな式なんや。18種類の素粒子の運動方程式をだしてくれる数式なんや。で、宇宙のすべてはこの18種類の素粒子からできてるとするやろ。そしたら、この数式は、宇宙のすべてを支配してることになるんや」

私と美咲は、ポカンとして聞いていた。何となく、理屈はわかる気がするんだけど、腑《ふ》に落ちないのよね。宇宙の全部って言われてても、ね。

「あー、信用してへん顔してるな。わかるわかる。僕も、大学4年生で初めてこの式を見せられたとき、ホンマかいな、て思たもんなぁ。けどな、重要なことは、人類は今まで何百万回、何億回とさまざまな科学実験をしてきたけど、この数式と矛盾する結果は、ないんや。つまり、この一つの数式が、宇宙のすべてを支配していると考えて、差し支えないんや」

それが本当だとすると、これは、大変なことだ。教科書にもそんなことは書いてなかった気がするけど、大変だ。宇宙が、この一つの式だけで全部動いてるなんて、すごいことだ。

「どうしてそんな大事なことを、学校で習わないのかな？」

ぐさりと、美咲がニヤニヤしながら美咲パパに言った。まるで、急所を攻撃する嫌なヤツみたいなニヤニヤ顔。

「ほんまやなぁ。僕は高校で教えたほうがええと思うねんけどな。この式には名前もついてるねんで」

そう言って、美咲パパは紙の数式の下に名前を書いた。


『素粒子の標準模型の作用（に重力の作用を加えたもの）』


「これや、この式の名前。まあ、この式自体は、大学で物理を勉強して、そのあとに大学院へ入って『素粒子物理』を学び始めた人だけが触れられる式やしなぁ。ほんまは、この式を使いこなすには、大学院でベンキョせなあかんくらいや。難しいから、高校では出てけえへんのやろな」

「そんな難しい式をパパは私たちに教えようとしてるのね」

「いやいや、考え方はそんなムッチャ難しいわけでもないし、とにかく、宇宙のすべてを支配している数式を人類がすでに知っているというのは、すごいことやからな」

本当にそうだと思った。人類、なかなかすごいね。この宇宙のすべての現象を支配している一つの数式を、もう手に入れてるんだから。

美咲は、納得してないようだった。

「ねぇパパ、本当に、宇宙で起こっているすべての実験と、この数式は合ってるの？」

「うーん、ホンマのこと言うとな、二つだけ、この数式では再現でけへん自然現象が見つかってるねん。一つは、ニュートリノ振動現象、ほんでもう一つは、暗黒物質ってやつや。暗黒物質は、まだ見つかってへん種類の素粒子かもしらん。こういうのが、人類の最先端科学を推し進めてるんや。ちゅうわけで、続きは、またの回のお楽しみ〜」

美咲パパはそう言って、自分のノートパソコンのほうへ向き直って、カチャカチャとキーボードを打ち始めた。

「あ、計算が死んどるやん。あかんなあ、ちょっと精度上げすぎたかいなぁ」

私も美咲も、計算が死ぬとかの意味はわからなかったけれど、二人で目を合わせて、ぼくそ笑んでしまった。

今日の美咲パパの話のまとめ

- 宇宙のすべてを支配する数式「素粒子の標準模型の作用」がある。
- すべては18種類の素粒子からできている（まだ暗黒物質とかあるかも）。

【浪速阪《なにわざか》のメール】 とリカのLINE 2月13日

Subject: draft

Tさん

台湾でカオスの議論をいろんな人としてきたのですがブラックホールのそばのカオスの話には皆興味を持っていそうです。T氏とも良い議論をしました。

その後数値計算をしましたが、Tさんの箱型ぽいポテンシャルでカオスが出ることは確認したものの、そこからどう進めるべきかで止まっています。
一応ノートは、一般的な議論ができないかと思ってアップデートしました。
添付します。

浪速阪 章六

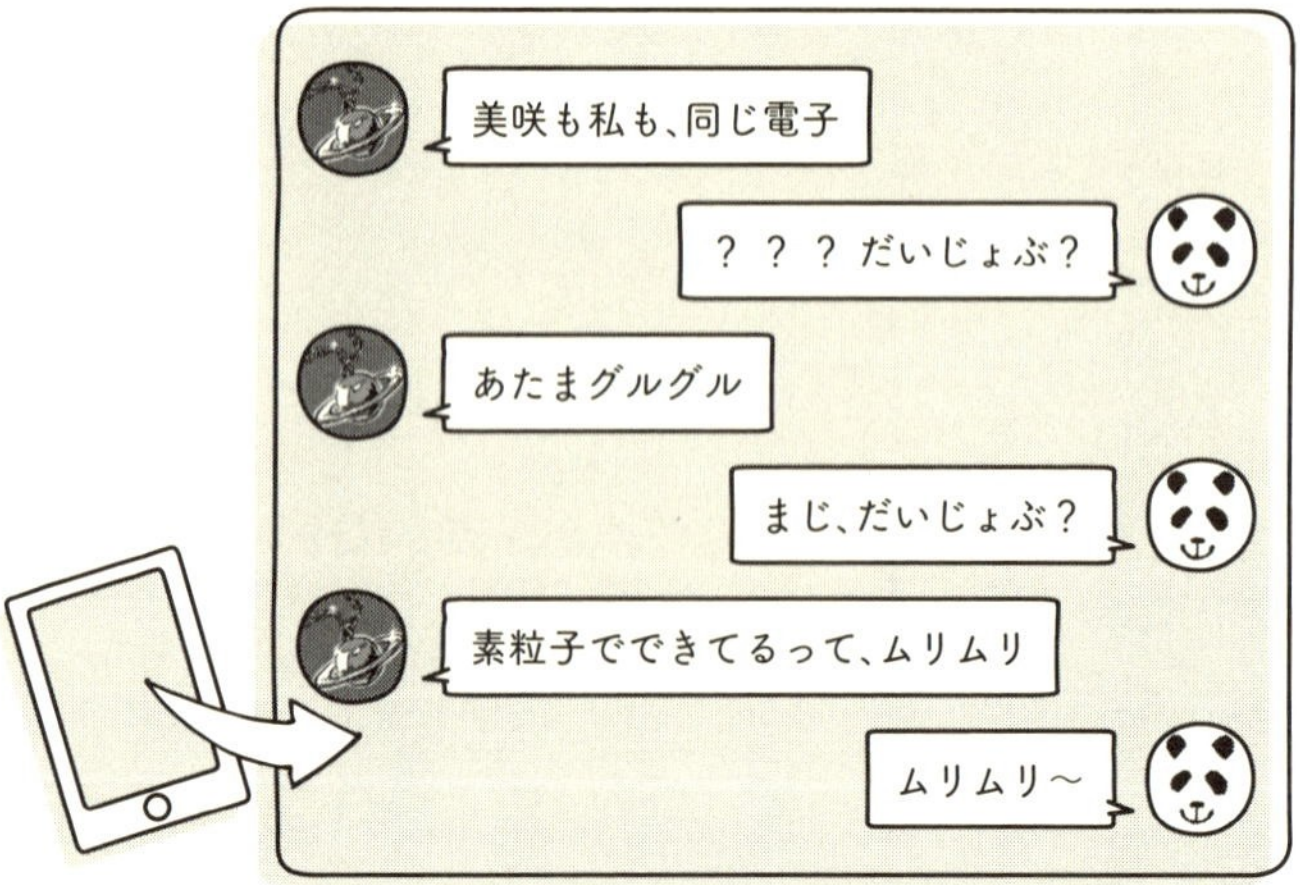

美咲も私も、同じ電子
？？？だいじょぶ？
あたまグルグル
まじ、だいじょぶ？
素粒子でできてるって、ムリムリ
ムリムリ～

さらに深く知りたい方へ

❶ 標準「模型」って?

美咲パパが持ち出してきた数式には、名前がついていました。「素粒子の標準模型の作用」。

さて、「模型」とは、何でしょうか。

まず、物理学者が「模型」と呼んでいるものは、英語では「モデル」ですが、プラモデルのことではありません。ある現象を再現するような数式のセットのことを、通常「模型」と呼んでいます。

例えば、キッチンの電子レンジでご飯を温めることを考えましょう。何分間、温めるかによって、ご飯の温度が変わりますね。このような実験を繰り返して、温める時間とご飯の温度の関係が、実験的にわかります。この関係は、温度を時間の関数として与えるので、関数で表されますよね。このような関数は、「現象論的模型」と呼ばれています。つまり、現象から物理の量を抜き出した数式であるというわけです。

次のステップとして、では、なぜご飯は温まるのだろうか、と考えます。電子レンジは、電磁波を発生させ、ご飯の中の水分子を振動させることで、水分子の振動が熱に変わる、という仕組みで動いています。つまり、発生させる電磁波と、それによる水分子の振動が、鍵なのです。どの程度の強さの電磁波を、どんな波長で発生させれば、水分子がどの程度振動するのか。これも、同様に関数で与えられるでしょう。この関数は、水分子の運動を司る、運動方程式の解、とも考えられます。方程式にはおそらく、たくさんのパラメータが使われているでしょう。水分子の振動のしやすさ、重さ、電磁波の感じ方、方向、など、さまざまなパラメータが考えられます。これらのパラメータを含んだ運動方程式を、科学者は「模型」と呼んでいます。

さまざまな現象を再現できるのが「良い模型」です。また、新しい実験をしたら、元に作っていた模型による計算では再現できないような現象が出てきてしまった——という場合、その模型は「死んで」しまいます。科学者は、「いい模型ができた」「俺の模型はもう死んだ」といった会話をしています。

模型は一般に複雑な数式であるため、数式を解かずにその解の性質を予想しようとしても、難しい場合が多いです。そのため、科学者は「おもちゃ模型」（英語では「トイ・モデル」）と呼ぶ模型をよく考えます。おもちゃ模型は、本当の模型の一部を切り出してきたようなもので、その模型の計算の本質を抜き出すものです。おもちゃ模型は単純で、その機構も明解ですが、実際の現象を予言するには粗すぎたりして、適用できないものです。しかし、多様な現象の背後にある、本質的な理解を与えるものです。

さて、素粒子の標準模型（「スタンダード・モデル」）とは、すでにスタンダードになった、つまり、確立した、模型です。どのような素粒子を用意するか、そして、それらの間の相互作用としてどのような力を用意するか。数学的には、無限の種類の「素粒子模型」を書くことができます。しかし、実際に我々の宇宙を再現する模型は、一つだけです。ほとんどの実験結果を再現する素粒子模型が「素粒子の標準模型」と呼ばれ、確立しています。

素粒子の標準模型は、場の量子論で書かれています。場の量子論で基本的な数式は「作用」と呼ばれるものです（この「作用」とは何か、は次回の「さらに深く知りたい方へ」で紹介しましょう）。この「作用」を一つ書くということが、素粒子物理学では、模型を一つ書くことに相当しています。数学的に矛盾がない「作用」は、無限種類、書くことができます。したがって、無限の種類の素粒子模型を書くことができるのです。「素粒子の標準模型」は、その一つに過ぎない、とも言えます。

しかし、その無限種類のうち、「素粒子の標準模型」だけが、現在までのほとんどすべての物理実験を矛盾なく再現します。この意味で、素粒子の標準模型は「模型」の域を超えていますから、最近では「標準理論」と呼ばれるようになってきました。あらゆる物理学理論は、はじめは「模型」です。それが確立してくると、「理論」という名前になってくるのです。

第2講義

項の一つ一つは、天才物理学者たち

今日の学校は、最後の授業が物理だった。帰り道、前を美咲が首をかしげて歩いていたので、大きな声をかけた。

「美咲、物理難しいよね〜！　ニュートンの運動方程式とか、クーロンの法則とか、ほんと、面倒よね」

「そうよ〜。ナニナニ法則なんて、死ぬほどいっぱいあるのよ、きっと。もう、どれをどう覚えたらいいのよ、ねぇ」

「そういえば昨日、美咲パパが、数式一つで宇宙の全部が支配されてるって言ってたでしょ、あれだけ知ってたら、法則覚えなくてもいいのかな」

「うーん、そうかもしれないけど、そもそも、あの数式を理解できないとダメよね」

美咲は口をとんがらせて、残念そうに息をついた。

「それもそうね」

私は、諦めムードになった。

「美咲、そもそも、あの式は大学院で勉強するものだから、わからなくて当然。だから、すっぱり諦めようよ」

「リカ、でもね、クーロンとかいろんな名前が物理の教科書に出てくるでしょ。たくさんありすぎてイヤになるけど、その先に何が待ってるのか、が少しでもわかったら、物理の勉強も少しは楽しくならないかなぁ」

私たちは帰り道、しばらく、二人で静かに歩いた。勉強って、ゴールが見えないし、誰か知らない人が考えたことを覚えるばかり。やる気なくすよねぇ。うーん、こういうのって、科学者が考えてることに違いない。そう、美咲パパに聞いてみるといいかも。

美咲の家に着いたので、美咲パパがいるかなと思って居間をのぞくと、やっぱり、いた。昨日からピクリとも動いていないように見える。ノートパソコンの画面を、じっと見ているようだった。

「ねえ美咲、美咲パパって、動いてるよね？」

美咲は吹き出して、ゲラゲラ笑い始めた。

「リカも面白いこと言うよね！　そうそう、ときどき動くんだよ、こっそり見てると面白い」

私たちは居間のドアからしばらく美咲パパの挙動を眺めていた。たしかに、ときどき首を斜めにしたり、パソコンをカタカタ打ったり、そして上を向いて、うーん、って声を出したりしている。美咲は私に目配せをして、また驚かせてみようよ、と合図をした。

「わ!!」

美咲パパは肩をビクッとさせて立ち上がり、

「おい、美咲！　何すんねん！　びっくりして、今考えてたことが少し飛んでしもたやないか」

「パパこそ、よくもそうやって一日中ピクリとも動かない生活できるよね。時には立ったりしたほうがいいよ、運動のために」

「ほっといてくれ、今、エエとこやったんや、計算が。あー、どこ触ってたか、忘れてしもた。んも〜」

美咲パパはかなりイラだっていたが、私も一緒に来ているのを見て、

「おぅ、リカちゃん。今日も続き教えたるで、入り、入り」

と手招きした。実の娘とお客さんは、扱いが違うらしい。この二人のケンカ？　漫才？　に付き合っていたら日が暮れてしまいそうなので、私は、気になっていた質問を美咲パパにぶつけてみることにした。

「あの、ちょっと質問していいですか」

「ええよ、何でも聞いてみ。僕も全部はわからへんけど、一緒に考えよう」

美咲パパって、本当に先生なんだろうか。

「あの、学校でいっぱい、法則を習うんですよ。万有引力の法則とか、クーロンの法則とか。でも、美咲パパは、昨日教えてくれた数式で、全部出てくるって言ってましたよね。学校で習う法則も、全部出てくるんですか」

「おぉ〜、エエ質問やな。じつはな、基本的な力に関する法則は、全部出てくるねん。万有引力の法則とか、クーロンの法則も入ってるねんで」

え！　学校で習ったクーロンの法則と、美咲パパの書いた数式、全然違うけど？　頭の中にた

くさんハテナマークが浮かんでしまったのが、表情に出ていたのかもしれない。

「美咲もリカちゃんも、びっくりした顔しとるやんか。ほな、昨日の続きの話をしよう」

美咲パパは、昨日書いた数式の紙をまた持ってきた。

「あんな、この式、結構長いやろ。よく見たら、たくさんの項からなってるねん。リカちゃんはこの前書いたから、わかるやろけどね。まあ数え方にもよるけど、ざっくり見ると、五つの項に分かれてるわな。このそれぞれは、天才物理学者が書き下したもんなんやで」

そう言いながら、美咲パパはそれぞれの項に名前を書き始めた。

「始めの部分は、かのアインシュタインが書いたんや。もうちょっと正確に言うとな、アインシュタイン－ヒルベルトの作用、って言われてる。この項は、ヒルベルトが初めて書いて、ほんでそこからアインシュタイン方程式が導かれるんや。アインシュタイン方程式って聞いたことあるか？」

聞いたことないけれど、アインシュタインの名前は知っている。「相対性理論」とか考えた人だっけ。

「アインシュタインはな、重力が空間と時間のゆがみや、っちゅうことを見つけた人や。その理論のことを『一般相対性理論』っちゅうんや。空間と時間のゆがみが、重量つまり万有引力の正体。万有引力の法則は、この最初の項から導かれるんや」

$$
\begin{aligned}
S = \int d^4x\, & \underbrace{\sqrt{-\det G_{\mu\nu}(x)}\, \Bigg[\frac{1}{16\pi G_N} \Big(R[G_{\mu\nu}(x)] - \Lambda \Big)}_{\text{アインシュタイン}} \\
& \underbrace{- \frac{1}{4} \sum_{i=1}^{3} \mathrm{tr} \left(F^{(i)}_{\mu\nu}(x) \right)^2}_{\text{マクスウェル, ヤン, ミルズ, 内山龍雄}} \; \underbrace{+ \sum_{f} \overline{\Psi}^{(f)}(x)\, i \not{D}\, \Psi^{(f)}(x)}_{\text{ディラック}} \\
& + \sum_{g,h} \underbrace{\left(y_{gh}\, \Phi(x)\, \overline{\Psi}^{(g)}(x)\, \Psi^{(h)}(x) + \mathrm{h.c.} \right)}_{\text{湯川秀樹, 小林誠, 益川敏英}} \\
& + \underbrace{\left| D_\mu \Phi(x) \right|^2 - V[\Phi(x)]}_{\text{ヒッグス, 南部陽一郎}} \Bigg]
\end{aligned}
$$

図3

私たちは、そのアインシュタイン－ヒルベルトの作用をのぞき込んだ。アインシュタインの考え方が、この項ひとつに収まっているなんて！

そのあと、美咲パパは、残りの項のまわりに、物理学者の名前を書き始めた。

「次の項は、マクスウェルとか、ヤン、ミルズやな。ちょっと日本人の名前も入れとこう。内山龍雄《りょうゆう》。で、次の項は、ディラックやな。ほんで、その次の項は、湯川秀樹、小林誠、益川敏英。で、最後の項は、ヒッグスと、南部陽一郎」

たしかに、聞いたことのある名前がある。湯川秀樹は、たしか、日本で初めてノーベル賞を取った人。

「ここには、その項が決まるために重要な貢献をした人の名前を一部だけ書いてみたで。ちょっと日本人びいきで書きすぎたけど、ほんまはもっとたくさんの物理学者が貢献しとる。ほんで、こういう人たちは、ノーベル賞を取った人たちや。で、物理学に名前が大きく残るんや。つまり、この数式のそれぞれの項は、天才物理学者たちが一つ一つ作ってきたんや」

なーるほど。この数式が長いのは、それぞれの項を書いた物理学者がいて、それを全部足したから、というわけね。

「美咲パパ、質問があるんだけど、ここで書いてくれた名前の人が、エイや！って書いて成功したということ？」

「いや、ちゃうんや。そもそも、ここに書いた人たちの名前は、ごく一部の人たちの名前だけやで。これらの項が書かれるまでには、たくさんの物理学者たちの貢献があったんや。僕が知ってる物理学者だけでも、もっともっとたくさんの名前が書ける。例えば、それぞれの項を一緒に考えた、グラショウとか、ワインバーグとか、サラムとか、いっぱい、な。しかも、それに加えて、僕が知らん科学者も、何万人とおったはずや。そういう人たちがな、いろんな式を試して、たくさんたくさん書いとったんや。で、たくさんの実験によって、そのたくさんの式からどんどん選ばれた結果、この数式だけが生き残ったんや」

「万有引力の法則は始めの項として、クーロンの法則はどうなんですか？」

「それは、次のマクスウェルの項や。マクスウェルは、電磁気学の基礎的な方程式をまとめた人で、この項は、マクスウェルの項と呼ばれてる。自然界にはどんな力があるか、知ってるか？」

「万有引力と、クーロン力？」

と私が言ってみると、美咲パパは嬉しそうに目を見開いて、

「そやそや。高校ではそこまで習うわ。じつは他に、『強い力』と『弱い力』って呼ばれる二つの力があって、全部で4種類の力があるんやで。それで、『強い力』『弱い力』は両方とも、このマクスウェルの項と同じように書けてるんや。この項は、ヤン－ミルズの項って呼ばれてる」

「そこに内山って書いてあるけど、その人は？」

「内山龍雄は、阪大のセンセやった人や。彼は同じ時期に、ヤンとミルズとは独立にこの項を発

見してたけど、論文にはせえへんかったんやな。そやから、項に名前がつかへんかったんや」

「論文にしないと名前がつかないんですか？」

「科学っちゅうのはな、論文書いてなんぼの世界やで。研究して、論文書いて、世界にその知見を披露し、認めてもらう。そこから、また他の人が研究をする。こういうサイクルで、科学が進んでいくんや。実験も理論も、そうなってるんや」

へぇー、全然知らなかった。名前がついてる項の人って、相当のことなのね。そりゃそうか、ノーベル賞取るくらいだもんね。

美咲パパは、物理学者たちの名前のそばに、物理用語を書き始めた。

「アインシュタインは、重力。マクスウェルは、電磁気力。ヤンとミルズは、強い力と、弱い力。そんで、あとの項は、『粒子・反粒子』『湯川相互作用』『自発的対称性の破れ』って書いとこうかな。それぞれの項は、物理学者が、新しいアイデアを自然に持ち込んだ結果、書かれた項なんやで。南部陽一郎、知ってるやろ」

美咲がすぐに答えた。

「対称性の自発的破れでノーベル賞」

私はびっくりした。なに、美咲？　ひょっとして物理マニア？　美咲は照れて、

「リカ、ニュースでノーベル賞のことをテレビでやってたときに、学校のクラスで『対称性の自発的破れでノーベル賞』って早口言葉がはやったのよ」

$$
\begin{aligned}
S = \int d^4x \, & \underbrace{\sqrt{-\det G_{\mu\nu}(x)} \left[\frac{1}{16\pi G_N} \left(R[G_{\mu\nu}(x)] - \Lambda \right) \right.}_{\text{重力}} \\
& \underbrace{- \frac{1}{4} \sum_{i=1}^{3} \mathrm{tr} \left(F_{\mu\nu}^{(i)}(x) \right)^2}_{\text{電磁気力, 弱い力, 強い力}} + \sum_f \underbrace{\overline{\Psi}^{(f)}(x) \, i \not{D} \, \Psi^{(f)}(x)}_{\text{粒子・反粒子}} \\
& + \sum_{g,h} \underbrace{\left(y_{gh} \, \Phi(x) \, \overline{\Psi}^{(g)}(x) \, \Psi^{(h)}(x) + h.c. \right)}_{\text{湯川相互作用}} \\
& \left. + \underbrace{\left| D_\mu \Phi(x) \right|^2 - V[\Phi(x)]}_{\text{自発的対称性の破れ}} \right]
\end{aligned}
$$

図4

「なぁんだ、フフフ」

　ちょっと安心した。

「南部陽一郎はな、対称性の自発的破れっていう考え方を素粒子に持ち込んだ人なんや。そのアイデアが、この項に結集されてるねん。最後から2番目の『湯川相互作用』もそうやな。湯川秀樹は、力が発生するのは素粒子が媒介しているせいや、っていう考え方を推し進めた人なんや。湯川相互作用の項にyっていう記号あるやろ、これは、湯川の頭文字のyで、湯川結合定数って呼ばれてるんや」

「力が発生するのは素粒子が媒介してるから……って、どういうことですか?」

「ああ、そうやな、それを説明せなあかんな。じつは、すべての力は、その間を素粒子が飛んでることで発生している、と考えられてるんや。例えば、磁石の間の力、あるやろ。N極とS極の間、とか。あれは、電磁気力と言って、じつはその間を電磁波が飛んでいることで発生してる。で、電磁波は、じつは、光の粒『光子』がたくさん飛んでいる波である、と考えられてるんや。つまり、この式の第2項は、電磁気力の項やけど、それは、光という素粒子を表してもいるんやで。そんなふうに、この式のそれぞれの項は、素粒子を表してもいる。こんどは、それを教えたるから、楽しみにな」

　美咲パパの残してくれた紙を見ながら、美咲と私は、ウナっていた。

「この数式は人類の金字塔ってパパが言ってたけど、本当にそんな感じがするね」

「四つの力が入っていて、物理学者が知恵を結集して書き上げた、っていうことでしょ。ちょっとすごいよね」

私は、この数式をもう一回自分で書いてみることにした。意味はよくわからないし、書き順も間違ってるかもしれないけど、でも、なんだか、もう一回書いてみたくなった。

今日の美咲パパの話のまとめ

- 宇宙を支配する数式の、それぞれの項は、天才物理学者が書いた。
- それぞれの項は、さまざまな力とか、素粒子とかを表している。

【浪速阪《なにわざか》のメール】とリカのLINE　2月14日

Subject: Re: Universality, Chaos and Black Holes

Dear J,

Thank you for your e-mail. I am glad to know how you read our paper, indeed we attempted to interpret the universality of the bound from the gravity viewpoint. As you may have noticed, we just use the conventional relativistic particle motion to extract the Lyapunov, but probably this could be generalized to more AdS/CFT-relevant setups.

And thank you for bringing your paper to our interest, I will go through it.

Best regards,

Sherlock

「対称性の自発的破れ、対称性の自発的破れ」

覚えた〜

おぼえたよ

小学校のときは意味もわかってなかった

ていうか、今もわからん

おっしゃるとおりでございます

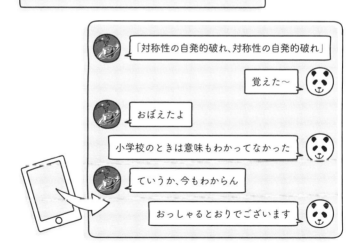

さらに深く知りたい方へ❷

標準模型の「作用」って？

浪速阪教授（美咲パパ）が持ち出してきた「宇宙を支配する数式」は、式の冒頭が、「Sイコール」で始まっています。この「S」は、物理学で「作用」と呼ばれるものです。このため、「宇宙を支配する数式」は「素粒子の標準模型の作用」と呼ばれています。

さて、作用とは何でしょうか。高校の物理では、最も基本的なものは「運動方程式」である、と習います。運動方程式は、初期値を与えると、そのあとの物体の運動を予言することができるものです。一般にそれは、微分方程式の形をしています。作用とは、それが与えられると、そこからある操作によって、運動方程式を導くことができるものです。したがって、「作用は運動方程式の親玉である」と言うことができるでしょう。

この操作は「最小作用の原理」と呼ばれており、大学の物理学で学びます。作用関数Sは、ある時刻Sのtにおける物体の場所を与える関数をxとして、tの関数xを用いて書かれています。ある具体的な関数xが与えられると、それを代入すれば、Sの値が決まります。最小作用の原理とは、作用Sの値を最小にするような関数xが、運動として実現される、という原理です。つまり、運動方程式を満たす関数xが、作用Sを最小にするのです。作用から運動方程式を導出する形式を、オイラー＝ラグランジュ形式と呼びます。

なぜ、わざわざ、運動方程式を使わずに作用Sから出発するのでしょうか。同じものなら、運動方程式で済む、と考えるのももっともです。じつは、作用から出発する利点が二つあります。

第1に、作用から出発すると、複数個の運動方程式を一つの作用から出すことができます。運動する物体が二つあって、互いに影響を及ぼし合っている、としましょう。運動方程式なら、それぞれの物体について、数式を書かねばなりません。一方、作用は一つだけで済みます。一つの作用を与えて、それが第1の物体の位置を表す関数xに対して最小になるようにすると、第1の物体についての運動方程式が出てきます。第2の関数に対しても同様です。したがって、作用が複数の関数で表されていることで、複数の運動を一度に指定することができるのです。

第2に、じつは運動方程式だと不十分で、作用を用いる必要があるのです。量子力学では、粒子は波でもある、ということを学びます。このとき、粒子の運動においては、その位置や運動量が厳密に決まるわけではありません。粒子の運動は確率的な波となってしまいます。つまり、作用が最小になるような運動方程式だけには従わないのです。粒子の確率は、作用が最小値に近づけば近づくほど大きくなります。作用が最小になるときに、最も確率が高くなるのです。最小作用の原理は、量子力学では、最も確率が高くなることに対応しており、作用を最小にしないような確率も存在します。この、作用の最小値からの「振れ幅」はプランク定数と呼ばれ、$\hbar$と書かれます。もしこの$\hbar$をゼロに取ると、作用を最小にするものだけが選ばれます。これを古典極限と呼び、その極限で、量子力学が古典力学になるのです。このように、量子力学を考えると、作用は運動方程式よりも基本的な量となるのです。

場の量子論では、作用を与えることで出発点が決まります。素粒子の標準模型の「作用」は、素粒子の運動を決め、そしてその確率を支配している、親玉なのです。

第3講義

式を読もう！ その1 記号は、素粒子

「よぉっしゃ、いよいよ、この数式を読んでいくでぇ」

美咲パパのテンションは、いつにもなく高い。何かいいことでもあったんだろうか。

「今日は、式の中に現れてる記号のことを教えたるで」

そのテンションの高い美咲パパを横目に、美咲はソファに深く腰を下ろして、くつろいでいる。腕組みをしながら、美咲パパに言い放った。

「パパ、この式は、知らない記号も入ってるし、読み方も全然わからない」

「まあ、そう言うけど、わかる記号もあるやろ。リカちゃん、どない？」

急に振られたのでびっくりしたけど、まあ、2回は書いたことがある数式だから、わかるところとわからないところの区別くらいはできている。

「うーん……そうですね、例えば、最初についてる積分記号『∫』は、学校の数学で出てきました。でも、dの4乗になっちゃってるのは、みたことないですけど」

「おう、これまた、ええところに気がついたな。これはな、宇宙全体の積分を表してるんや」

宇宙全体の積分？

宇宙全体の積分（3次元空間と時間）

$$
\begin{aligned}
S = \int d^4x \sqrt{-\det G_{\mu\nu}(x)} \Bigg[& \frac{1}{16\pi G_N}\left(R[G_{\mu\nu}(x)] - \Lambda\right) \\
& - \frac{1}{4}\sum_{i=1}^{3} \mathrm{tr}\left(F^{(i)}_{\mu\nu}(x)\right)^2 + \sum_f \overline{\Psi}^{(f)}(x)\, i \not{D}\, \Psi^{(f)}(x) \\
& + \sum_{g,h}\left(y_{gh}\, \Phi(x)\, \overline{\Psi}^{(g)}(x)\, \Psi^{(h)}(x) + h.c. \right) \\
& + \left| D_\mu \Phi(x) \right|^2 - V[\Phi(x)] \Bigg]
\end{aligned}
$$

図5

「あんな、普通の積分やったら、dのあとにxがくるやろ。それは、x座標で決められた空間の全体で積分するということや。ほんで、この宇宙は、縦・横・高さの3次元空間やから、xのほかに、yとzもあるやんか。それに加えて、宇宙空間のすべての出来事を表すためには、場所だけやなくて時間も指定せなあかん。それは、tや。この四つを、時空座標、って呼ぶんや。時間と空間を合わせて、『時空』。アインシュタインは、時間と空間が混じり合うことを発見した。それ以来、時空という呼び方をして、一つでまとめてしまってるんや。四つの時空座標全部で積分することを、dの4乗にx、って書くんやで」

積分って、面積を求めるときだけに使う数学だと思っていた。たしかに、グラフの面積を求めるときは、x座標について積分するから、似てるといえば似てる気もする。でも、面積を積分で表すときには、グラフの形を表す関数を持ってきて、それを積分するんだっけ。

「何を積分するんですか？」

私は思わず聞いてしまった。だって、面積の話と、素粒子の話と、あまりにも違う感じがしたから。すると美咲パパは、うーんとウナって立ち上がり、ぐるぐると机のまわりを回り始めた。

美咲が私に小声で言った。

「リカ、大丈夫よ。パパは、考え事を始めると、いつもこうなるの。しばらくすると『私たちの世界』に戻ってくるから、待っとけばいいのよ」

とんでもない家族だ。まあ、どんな家族も、その家のルールってものがあるから、美咲の家ではそのルールに従わなくちゃならない。しばらく待っていると、美咲の言った通り、美咲パパは我に返った。

「えっとな、ちょっとその話は難しくなるから、まずは、積分されている関数がどんなやつか、見てみよか。式をよう見てみぃ、いろんな記号でできてるやろ。この中で、G、F、ψ、Φの四つは、特別なんや。このそれぞれが、素粒子の種類を表してるんやで」

美咲パパはそう言いながら、紙に表を書き始めた。表には、記号と素粒子の対応がまとめられてるみたいに見える。

「まず、ψってあるやろ、これは『プサイ』って読んで、ギリシャ文字なんや。ψは、物質をなす素粒子って呼んだらええかな。これには12種類あるんや。それを分けると、クォーク6種類、レプトン3種類、ニュートリノ3種類、になってる。クォークっちゅうのはやな、三つ集まって陽子になるやつや。陽子は水素の原子核。結局、僕らの体を作るやつやな。ほんで、レプトンというのは3種類あって、そのうちの一つが、前にも出てきた電子や」

「ψには、小さくfみたいな字がくっついてるね、それは何なのかな？」

「美咲、よう気づいたな。そこが、12種類を見分ける記号や。fのところに、いろんな記号をさらに入れるねん。そしたら、それぞれの種類の素粒子に対応するんや」

12種類もあるっていうことは、誰かがそれを見つけたってことなのかな。電子は見つかってると思うけど。

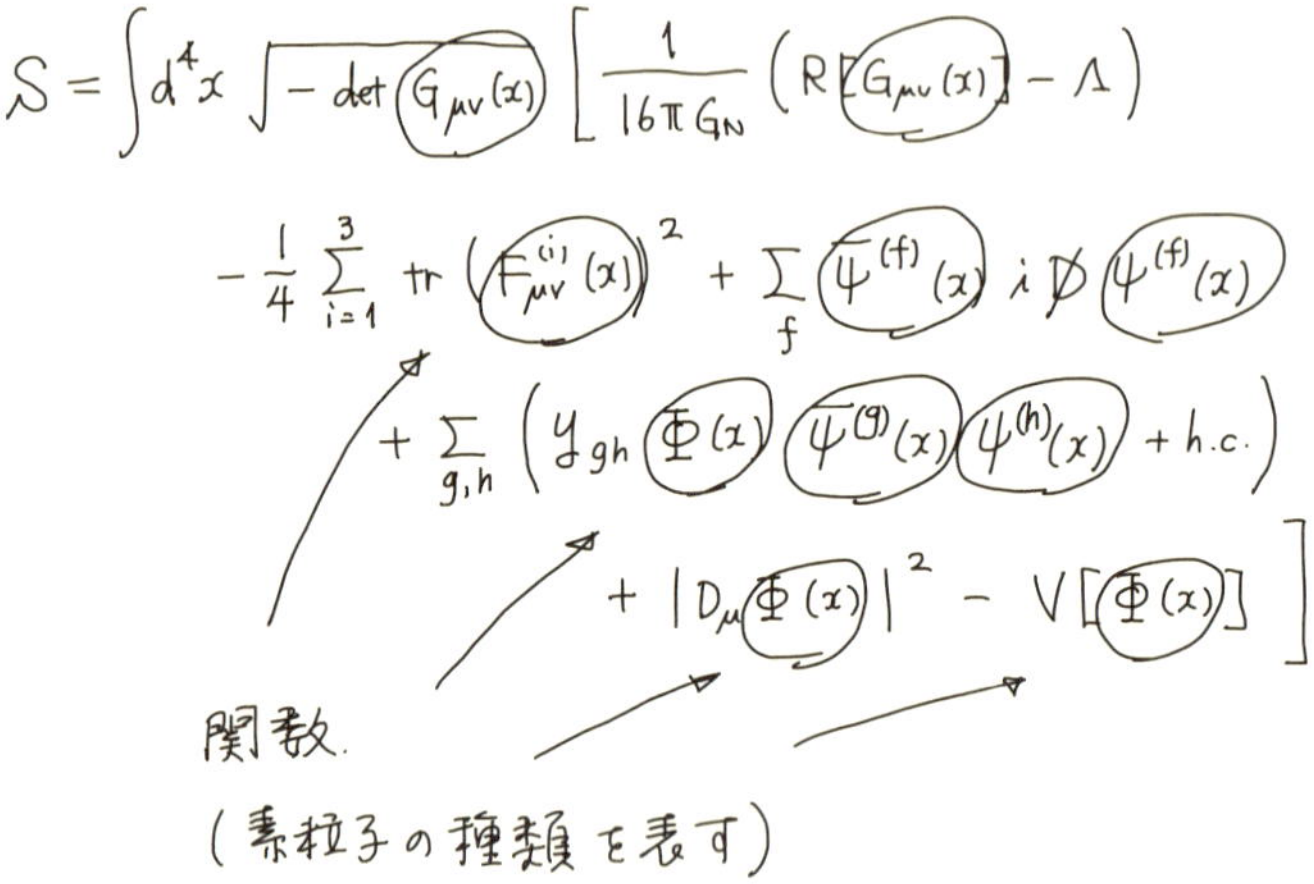
$S = \int d^4x \sqrt{-\det G_{\mu\nu}(x)} \Big[\frac{1}{16\pi G_N} \left(R[G_{\mu\nu}(x)] - \Lambda \right)$
$- \frac{1}{4} \sum_{i=1}^{3} \mathrm{tr} \left(F_{\mu\nu}^{(i)}(x) \right)^2 + \sum_f \bar{\psi}^{(f)}(x)\, i \not{D}\, \psi^{(f)}(x)$
$+ \sum_{g,h} \left(y_{gh}\, \Phi(x)\, \bar{\psi}^{(g)}(x)\, \psi^{(h)}(x) + h.c. \right)$
$+ |D_\mu \Phi(x)|^2 - V[\Phi(x)] \Big]$
関数.
(素粒子の種類を表す)

図6

関数	$\psi(x)$	$F(x)$	$\Phi(x)$	$G(x)$
素粒子の性質	物質をなす	力を伝える	質量を与える	重力を伝える
素粒子の種類	$u, d, s,$ $c, b, t,$ $e, \mu, \tau,$ ν_e, ν_μ, ν_τ	γ W, Z g	Φ	G
素粒子の名称	クォーク { アップクォーク, ダウンクォーク, ストレンジクォーク, チャームクォーク, ボトムクォーク, トップクォーク } レプトン { 電子, ミュー粒子, タウ粒子, 電子ニュートリノ, ミューニュートリノ, タウニュートリノ }	光子, W・Zボソン, グルーオン	ヒッグス	重力子

図7

「美咲パパ、12種類全部、見つかってるんですか」

「せや、クォークの最後の6種類目は、1995年に発見されたんや。そのときの新聞とかよう覚えてるけど、新聞の1面に『トップクォーク発見』っておっきい字で、すごかったで」

「素粒子が発見されると、新聞に載るんですね」

「そや、もちろん。人類の知見を大きく拡大するんやからな。ほんで、次は『力を伝える素粒子』Fやな。こいつには3種類あって、電磁気力、弱い力、強い力、や。前にも少し話したやろ。それぞれの力は、それを媒介する素粒子によって作られていて、電磁気力は光子、弱い力はウィークボソン、強い力はグルーオンと呼ばれてるんや。ウィークボソンは、電荷を持ってるのと持ってないのとで、WボソンとZボソンに分かれてる」

「和の記号で、Fの右上にカッコつきで1とか2とか3とか書いてあるのは、その力の種類のことですか?」

「せやせや、その通り。リカちゃん鋭いわ! 美咲、おまえも見習ったらどうや」

「パパに言われたくないよ。私だって気づいてたんだから」

「おう、そうか、美咲も偉いな。その調子やで!」

今日はやっぱり、美咲パパはテンションが高い。次に「Φ」の文字を指差して、

「ほんでな、これは『ファイ』って読んでな、2012年に発見されたヒッグス粒子っていう素粒子や。こいつは、質量を与える素粒子、と考えられてる。そやから別枠やな。で、最後にG。

重力を伝える素粒子、重力子や。こいつはまだ見つかってへんのやけどな」

「見つかっていないのに、どうしてここに書いてあるんですか？」

「見つかると期待されてんねん。2016年、重力波ゆうのが初めて実験的に観測されたんや」

「重力波って、聞いたことあります。ノーベル賞受賞！って、少し前ニュースで言ってました」

美咲パパの話す言葉はほぼ聞いたこともないものだけど、知っている単語がやっと出てきた。

「リカちゃん、よう知ってるやん。重力波の観測にものすごい貢献したっちゅうことで、ワイス、バリッシュ、ソーンの3氏が2017年にノーベル物理学賞を取ったんや。この重力波ゆうのは、電磁気力で言うところの電磁波と同じやな。電磁波の場合、電磁波の発見からずっと時間が経って技術が進んで、今では、電磁波を構成してる一つ一つの光子が検出できるようになってるんや。そやから、重力波を構成してるはずの重力子も、将来、観測できる日がくるやろな」

そんな美咲パパの話もそっちのけで、美咲は、素粒子の数を数えているみたいだった。

「ψが12種類で、Fが4種類、それでΦ、最後にGで、全部で18種類だね、パパあってる？」

「せやな、全部で18種類や。まだグラビトンが発見されてへんから、正しくは素粒子はまだ17種類やけど。あ、グラビトンゆうのは、重力子のことや」

うーん、ψとか、記号が素粒子の種類に対応しているって言われても、どうして記号が素粒子なんだろう？　私の頭には、またハテナマークがたくさん飛び始めた。式を眺めてみると、記号は積分の中に入っている。ということは、記号はじつは関数なのかな？　うーん、わからん。

「あの……すみません、全然わからないんですけど……」

美咲パパはそれを聞いて、大笑いした。

「ははは！　すまん、すまん。そりゃわからへんわな。大学院で学ぶことやで、わからんで当然。けどな、何となく、わかってくれればええんや」

「何となくでもわかりたいんですけれど、けど、例えば、記号が素粒子って言われても……」

「そやな、そこが大事なトコやな。説明したるで」

お願いします……

「まず、記号は、関数やねん」

やっぱり！　記号だけで、なんだかオカシイなと思ってたのよ。

「オカシイですよね。関数だと、カッコ x、とか普通書くと思うんですけど」

「おー、そやな、そや。僕らの業界ではな、ψとかが関数であるっちゅうことが当たり前やから、省略してもうてるねん。ほんまはな、ψとかは、x、y、z、tの関数なんや。これは、ある場所、ある時刻の素粒子を表してるんや」

「どうして関数が素粒子になるんですか？」

「例えばな、ψは関数やから、ほとんどの場所でゼロやけど一部の場所だけでゼロではない、というような関数やったとしよう。そしたら、その場所に素粒子がおる、って考えるわけや」

「関数がゼロでないところが、素粒子がいるって考えるのは、想像が難しいです」

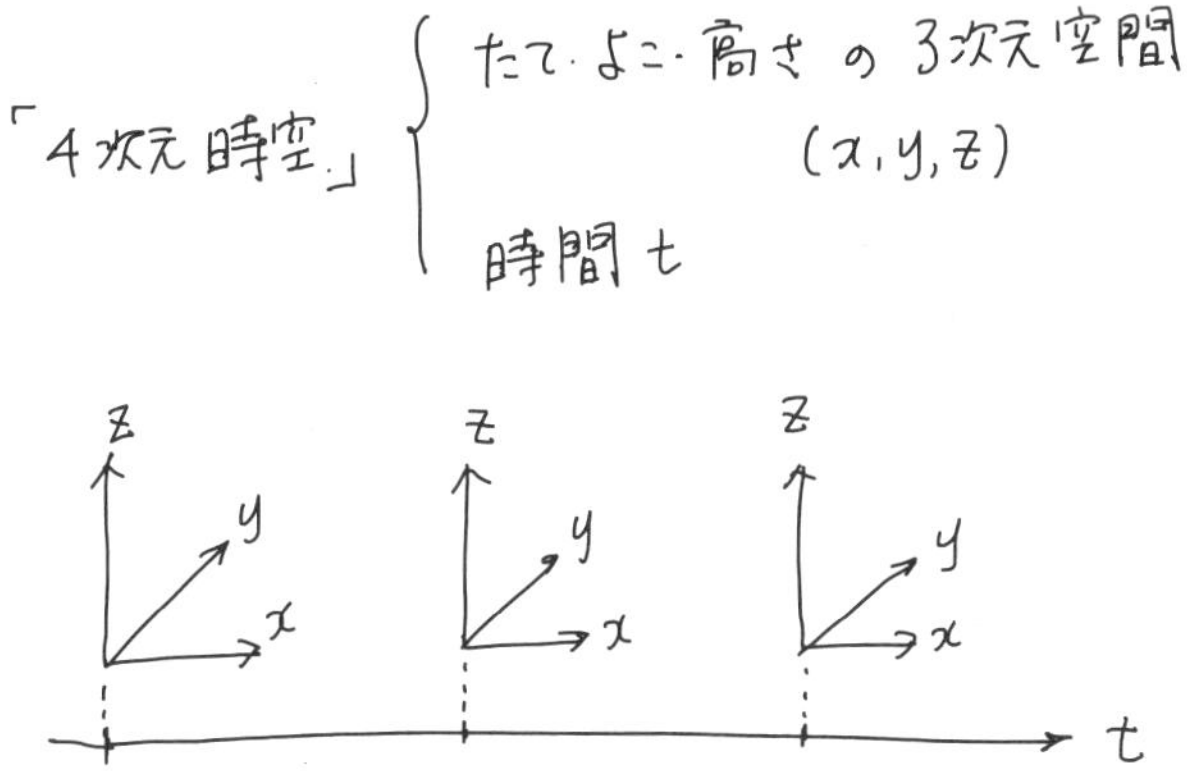
「4次元時空」
たて・よこ・高さ の 3次元空間
(x, y, z)
時間 t
z
y
x
t

図8

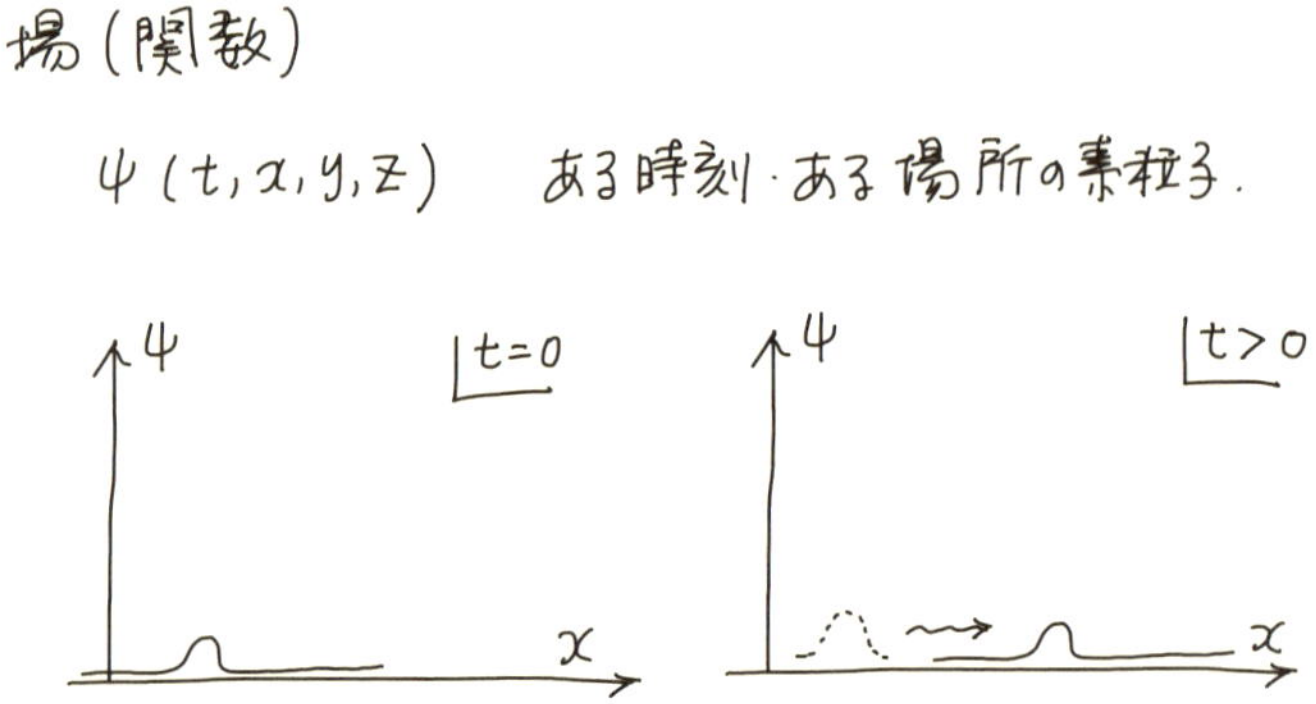
場(関数)
ψ(t, x, y, z)　ある時刻・ある場所の素粒子.
ψ
t=0
x
ψ
t>0
x

図9

「よく使われるたとえは、電光掲示板やな。ノーベル賞を受賞した朝永振一郎《ともながしんいちろう》が使ってたたとえや。電光掲示板は、電球がたくさん並んでるわけやな。そこで、一つだけ点灯させたとしよう。これが、素粒子や。ほんで、その素粒子を動かしたければ、ついていた電球を消して、その隣を点灯させる。これを順々にやっていくと、素粒子が運動しているみたいに見える、ちゅうわけや。そこで、関数として、点灯しているところ以外はゼロ、って考えると、関数は電光掲示板と同じ働きをしてるわなぁ」

「でも、どうして、関数で素粒子を考える必要があるんでしょうか」

「電磁気のことを考えてみよ。磁石の間に働く力は、磁石の間に何もないように見えるけど、ほんまは『磁場《じば》』があるんや。その証拠に、磁石のまわりに砂鉄をまいたら、磁力線が見えるやんな。あれが、磁場や。磁場は、磁石の極に近ければ近いほど強くなってる。つまり、磁場の値が大きくなってるんや。場所に依存して値が変わる、こういう性質を持つ物理的な量を『場《ば》』って呼ぶんや。場は、関数、ちゅうことやな」

　むむ。ものすごく難しくなってきた。磁場は関数で、関数は素粒子。あれ、たしか、電磁気力は光子が伝えるって美咲パパが言ってたっけ。

「ちょっと難しいんですけど……、電磁気力は光子で伝わるから、光子は関数で表される、っていうことですか」

「リカちゃん、新しい考えを頭で整理するの、うまいなぁ。そういうことやで。光子の場を、電磁場って呼ぶんや」

私は、何回も褒められて、内心とても嬉しくなっていた。素粒子は、空間と時間の関数で、場って呼ばれてる。それだけ知ってるだけで、いろいろとわかったような気もする。いや、ますますわかんなくなった気もする。

うーん、物理って、訳のわからない法則とかをたくさん覚えさせられるものと思ってたけど、本当は、ちょっと違うみたいね。いろいろなわかったことを、他のこととどんどんつなぎ合わせてまとめていくのが物理、って感じなのかな。そうよね、美咲？

美咲を見ると、美咲パパが書いた表を、自分で書き直していた。

「自分で1回書かないと、わかった気がしないでしょ」

美咲はエラい。私も書こっかな……

今日の美咲パパの話のまとめ

- 宇宙を支配する数式の、最初の積分は、宇宙のすべての空間と時間を表す。
- 記号は素粒子を表している。
- 記号は時間と空間の座標の関数で、「場」と呼ぶ。

【浪速阪《なにわざか》のメール】とリカのLINE　2月15日

Subject: Re: 格子の境界条件

Kくん、

pdfも確認しました。
曲がるのはすごいですね。
良かったです。

ちょっと教えて欲しいのですが、N = \sigma\pm 1 だとすると、僕のノートの（21）式を満たさないので、多分どこか定義がずれているんだと思います。

一般的な境界を入れて、bulkを解いてみることにしますね。

浪速阪

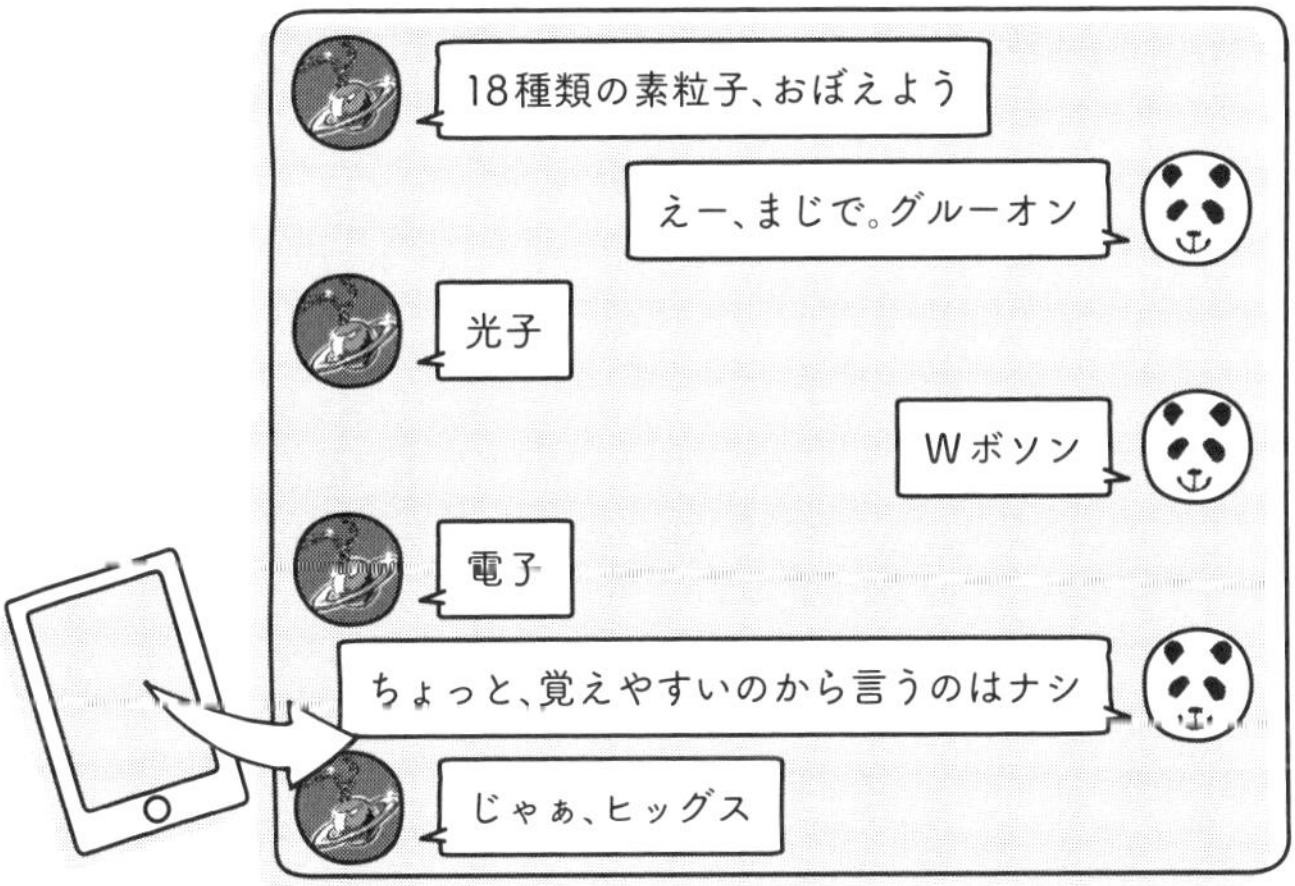

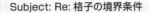

さらに深く知りたい方へ

❸ 素粒子と「場」

素粒子という言葉を聞くと、まさに「粒子」なのだから、空間のある場所に存在しているという印象があります。では、素粒子がなぜ、関数であり「場」で表されてしまうのでしょうか。場とは時間と空間の座標の関数であるので、空間のある場所にだけ存在している粒子という印象とは、異なりますね。

素粒子は場だと考えれば実験結果を矛盾なく記述できる、と言ってしまうこともできるのですが、それでは元も子もないので、もう少し読み解いてみましょう。

まず、講義でも触れられているように、時空座標の関数としての場が、ゼロの場所には素粒子はおらず、ゼロでない場所には素粒子がいる、という解釈について見てみましょう。

場の量子論の長所は、同じ種類の素粒子がたくさん存在する状況を、簡単に表すことができる、ということです。場がゼロでない場所が、空間の中で複数個あったとしましょう。するとそれを、複数の素粒子が存在している状況を表せる、と考えることができるのです。

このことは、複数の素粒子がいる状況の記述を簡単にしているだけではありません。本質的に新しいことを述べています。それは、「それら複数の素粒子を互いに交換しても、状況は同じ」であるということです。言い換えれば、複数の素粒子は、それぞれが個性を持っているわけではなく、全く同じものである、という意味です。

例えば、今自分の体を構成している原子や分子には、電子という素粒子がいますから、人間の体は非常に多くの電子が構成要素として参加しています。その電子はすべて、同じものなのです。

そして、そのように電子がたくさんいる状態（多体状態と呼びます）が場の量子論で矛盾なく記述できているということは、この宇宙に存在している全ての電子が、一つの場で表せるという仮説を裏づけているのです。つまり、手のひらの中の電子と、月の裏側にいる電子は、同じものである、ということです。

同じであるならば、同じ物理法則に従います。このように、場の量子論で素粒子が表せるということは、宇宙全体で物理法則が同じである、つまり、宇宙のどこにいる素粒子も、一つの式で表せる、ということを言っているのです。

素粒子の「種類」だけ、場の種類を用意すれば、それで事が足ります。現在知られている素粒子は17種類。したがって、それらの素粒子に対応する場、すなわち関数を用意して、場の量子論の作用を書けば、その作用が、宇宙を支配していることになるのです。

第4講義

式を読もう！
その2
項は素粒子の運動

美咲にはナイショで、「宇宙のすべてを支配する数式」を書いた紙を持ち歩いている。ま、持ち歩いてるといっても、学校のカバンに突っ込んでるだけだけど。今日は通学途中、ちょっとだけ、紙を取り出して眺めていた。

昨日、美咲パパは、素粒子は記号だって言ってたっけ。ψは関数で、素粒子を表す。まあ、よくわからないけど、関数が素粒子を意味するって考えることにしておいてやろう。う〜ん、式にはいくつも項があるけど、ψは、式の中の一つの項の中に、二つ入ってるみたいね。どうしてψが二つあるのかな？　それに、よく見ると、片方のψには上に棒がついているし。それと、ψの間にはDに斜めに棒がついたやつがはさまってる。こんな記号見たことないなぁ。ますます、謎の式だな。ははは。わかんないや。

「リカ！　何見てんの？」

私はびっくりして、紙をカバンにしまい込んだ。

「おどかさないでよ！」

「今何か隠したでしょ、彼氏からの手紙？　見せて見せて！」

「そんなんじゃないよ。手紙とかくれるくらいアイツがまめだったら、美咲に相談なんてしないでしょ」

私はそう言って、いろいろ説明するのもイヤになったので、美咲に紙を見せた。

「ほら、これ、この式。美咲と一緒に勉強してたコレ、今見てたのよ」

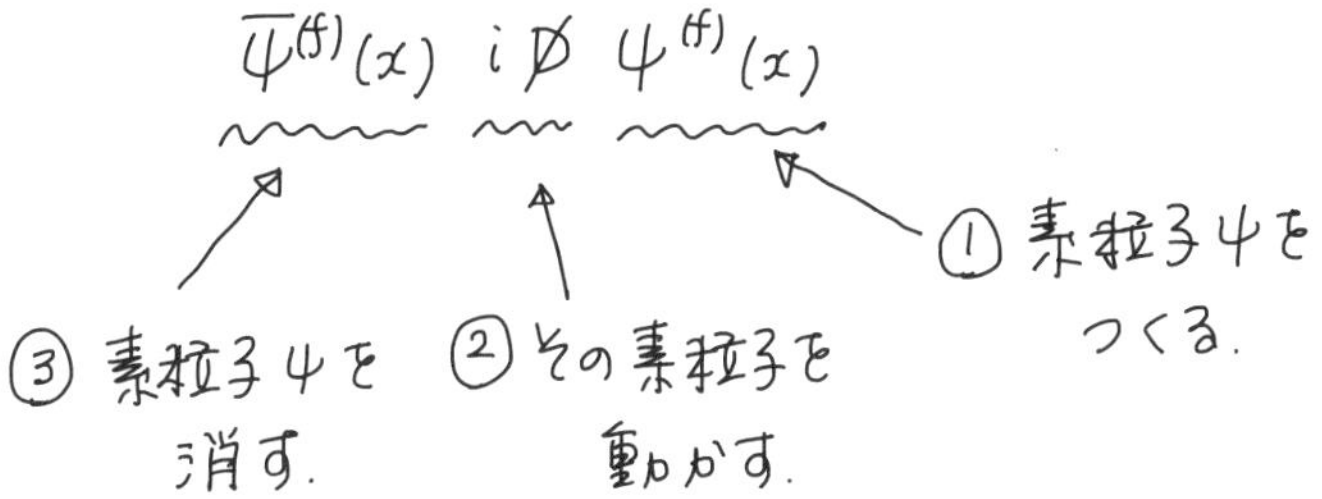

$\overline{\psi}^{(f)}(x)\ i\not{\partial}\ \psi^{(f)}(x)$
① 素粒子ψを
つくる.
② その素粒子を
動かす.
③ 素粒子ψを
消す.

図10

「ほぇー、リカって真面目ね！」

「だって、なんとなく気になってきちゃったから。素粒子が関数とか、学校で習わないじゃん。そういうのって、誰も知らない秘密を教えてもらってるみたいで、ちょっと優越感なのよね。美咲は毎日、美咲パパに教えてもらえる環境だから、羨ましいとこもある」

「え？　あの変人に？　ないない～」

美咲は手をブンブン振った。で、二人で大爆笑。


「すいません、今日は質問があるんですけど」

美咲パパに、思い切って私から話を始めてみた。難しいわからない話で美咲パパが突っ走っていっちゃったら、どうしようもないし、気になったところから聞いてみるのもいいよね。数式を書いた紙を広げて、

「ψが二つありますよね。ここ、ここ」

「おう、リカちゃん。勉強熱心やなぁ。そんなに物理に興味あるんかい」

「え？　これ、ホントに物理なんですか？」

「ははは。まあ、高校の物理とは大分ちゃうから、物理とは違うように見えてもしゃあないわな。大学に行って物理ベンキョしたら、高校の物理とどう違うか、だんだんとわかるやろけど。うん、それで、ψが二つあるやんな、そやそや。質問って何？」

「いえ、単に、ψが二つあるということは素粒子が二つっていうことかな、って思って。違いますか？」

「おおう、それはエエ考え方やな。そや、今日はこの式の読み方の、もうちょっと詳しいバージョンを話したろな。まずは、やな、ψは二つあるけど、初めのψの上には棒がついとるやろ。これはな、まあ簡単に言うと、素粒子を消すっちゅうことなんや」

「素粒子を消す？」

「そや。棒がついてないほうのψは、素粒子を作る。で、棒がついてるほうで、素粒子を消す。こういうのを、『生成消滅』っていうんや」

式の中に、素粒子を作ったり消したりするものがあるって、どういうことだろう？　たしか美咲パパは、この式は素粒子の運動を表す、運動方程式みたいなものだって言ってたっけ。でも作ったり消したりしたら、運動にならないじゃない。

「リカちゃん、眉毛の間にシワ寄ってるで。すまんすまん。ちょっと突拍子もなかったな。まとめて結論ゆうただけなんや。よう説明したるで。まず、この式で、ψが二つ現れてるんは、素粒子を作って消す、そういうのを表してるんや。でもな、単に作って消すだけとは、ちゃうで。よく見てみ、あとのほうのψの前には、Dの記号が付いてるやろ。これは、じつは微分の記号を省略したもんなんや。ψは関数やったやろ。xとかの。そやから、もちろん微分もできるんや。Dのあとにψ、これは、ψを微分してるんや。なんで微分してるかというと、素粒子を動かすから

微分の定義

$$\frac{d}{dx}f(x) = \lim_{h \to 0} \frac{f(x+h) - f(x)}{(x+h) - x}$$

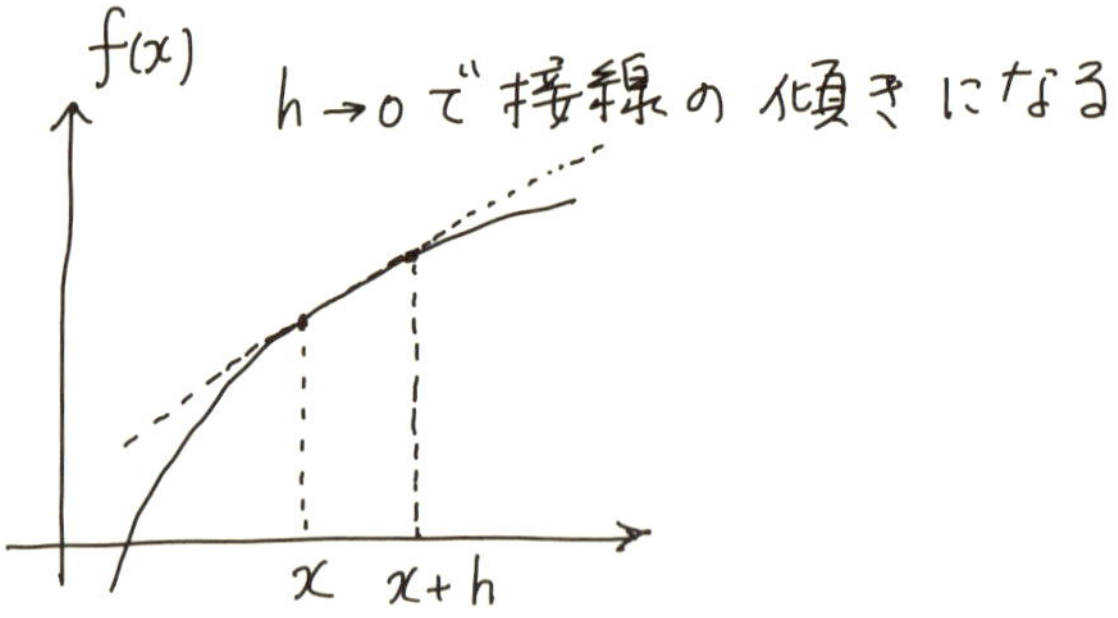

図11

や」

「微分と、素粒子を動かすって、関係あるんですか？」

「大アリやで。関数の微分って、どんな意味があるか知ってる？」

それまで私と同じように眉間にしわを寄せて聞いていた美咲が、急に答えた。

「パパ、私、それ知ってる。関数のグラフの傾き、でしょ」

「正解！　ほんで、傾きっちゅうのは、どうやって求めるんや？」

美咲は私のほうに助けを求める目線を送ってきた。そんなふうに見られても、私も覚えてないのよね。黙りこくっている私たち二人に気づいたのか、美咲パパは助け舟を出してくれた。

「微分の定義って覚えてる？　あれはな、xの場所の値と、xから少しずれた場所の値の、差から定義されてるんや。つまり、微分っちゅうのは、xから少しずらす、っていう意味があるんや」

たしかに、微分の定義は学校でそう習ったなぁ。関数の変化の割合で、グラフでいうと傾きになるとか、そんな話だった。

「つまり、ψが微分されてる、っちゅうことは、素粒子を表す関数で、xから少しずれたところを考える、ちゅうことや。そこで、な、この記号が、素粒子を作るという意味やということを思い出そ。xで素粒子を作って、xから少しずれたところで素粒子を消す。これは、まさに電光掲示板の話とおんなじで、素粒子を動かしたことになるんや」

たしか昨日、美咲パパは、電光掲示板の点滅で素粒子が動く様子を説明してくれたっけ。あるところから隣に素粒子が動くには、元の場所の電球を消して、同時に、隣の場所の電球をつけないといけない。それを、このψが二つある項が表してるっていうこと？

「っちゅう昨日の話思い出してくれたかいな？　電球を消して、隣をつける、そしたら素粒子が動いたことになるやろ」

頭の中がピカピカし始めた。なんとなく、頭の中のハテナマークがつながった感じかな？

「うーん、ψが二つある項が、素粒子の運動を表してるんですね」

「そや、そや！　じつは、関数が素粒子を作ったり消したり、っちゅう話は、『場の量子化』って呼ばれてて、大学院で勉強するムッチャ先の話やねんで」

「場のリョウシカ？」

「まあ、難しい言葉はどうでもええ。この項の意味がわかったら、どんどんわかるようになるで」

本当に、どんどんわかるようになるといいけど。

「一つ一つの項の意味を考えていたら、全部考えるのには気の遠くなるほどの時間がかかりそうですけどね」

「いやいや、宇宙を支配する数式は、そもそも4行しかないやろ。そやから、もうちょっとのガマンやで」

「あのぅ、研究者も、こうやって一つ一つ勉強するんですか」

「もちろん、そうや。けどな、式だけ見てるとな、物理学者でもヤヤこしいヤヤこしい、ってなってしまうからな、式と素粒子の対応をムッチャわかりやすい絵で表現するんや」

美咲パパはそう言って、紙に絵を描き始めた。といっても、単に矢印だけど。

「この線はな、素粒子の運動の軌跡を表すもんと考えてな。つまり、線が描かれているのは時空の中で、右向きが時間、上向きが空間、ちゅうことにしとこう」

スラスラと座標軸が書かれていく。なんとなく見覚えがある絵なので、私は美咲にコソコソ声でささやいた。

「あ、こんなふうな空間と時間のグラフ、昔、中学の受験勉強で、書いたことがある。太郎くんと次郎くんが出会うのは何分後ですか、って問題。覚えてる？」

「リカ、天才！　あったよね、そういうイヤな問題。結局あれって、今まで人生で一回も役に立ったことないよね」

「美咲、今が役に立つ瞬間かもよ」

私たちはこっそり笑った。美咲パパは私たちがクスクス笑っているのも気にも止めず、説明を続ける。

「こんなふうに描かれた素粒子の軌跡の図、これをもっと科学者が使える形にしたもんを、ファインマン図って呼んでるんや。ファインマンっちゅうノーベル賞取った物理学者が考えたんやで」

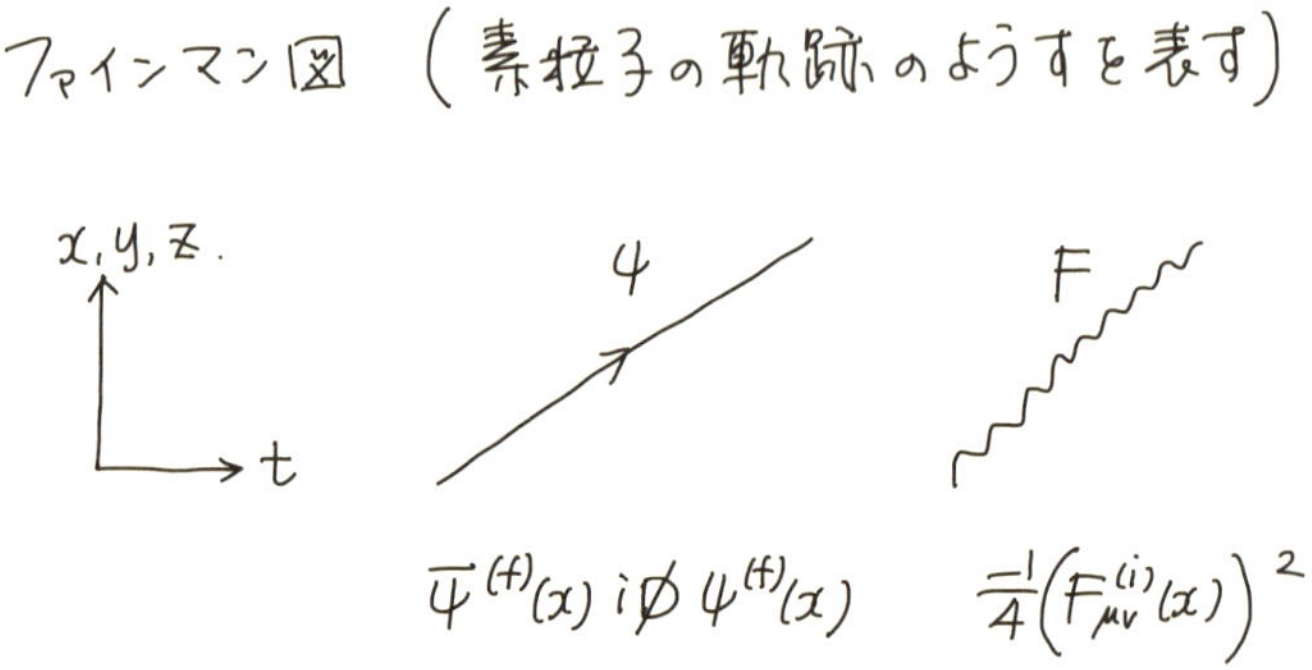
ファインマン図（素粒子の軌跡のようすを表す）
x, y, z
t
ψ
F
$\bar{\psi}^{(f)}(x)\, i\not{D}\, \psi^{(f)}(x)$
$-\frac{1}{4}\left(F^{(i)}_{\mu\nu}(x)\right)^2$

図12

これだったら、私でも描ける。でも、描いて何の意味があるんだろう？　物理学者がわざわざ考えつくほどのものでもないような気がするけど……

「これは、やな、イメージとしては、矢印の始まりのところで素粒子を作って、ほんで矢印の向きに素粒子が動いて、ほんで矢印の終わりのところで素粒子が消される、そんな絵や」

「縦軸と横軸は時間とか空間って、どういう意味ですか？」

「ああ、それな。横軸が時間と考えてるやろ。ということは、この図に縦線を引いて縦に切ったとして、その線と矢印と交わる点が、その時間に素粒子がおる場所を表す、と考えたらエエんや」

「太郎くんと同じですね」

「なんや、その太郎くんって？」

私は美咲とまた笑った。

「いえ、気にしないでください。『素粒子太郎くん』って考えたら、私にはわかりやすかったんです」

「僕にはようわからんけど、まあ、太郎くんもおったら次郎くんもおるわな。宇宙を支配する数式でも、他の種類の素粒子もおる。そいつらも、おんなじように線で描くんや。例えば、Fっちゅう記号で表されてる光子は波線で描く。波線を使うっちゅうのは、科学者業界で決まってる書き方やねん。こんなふうにな」

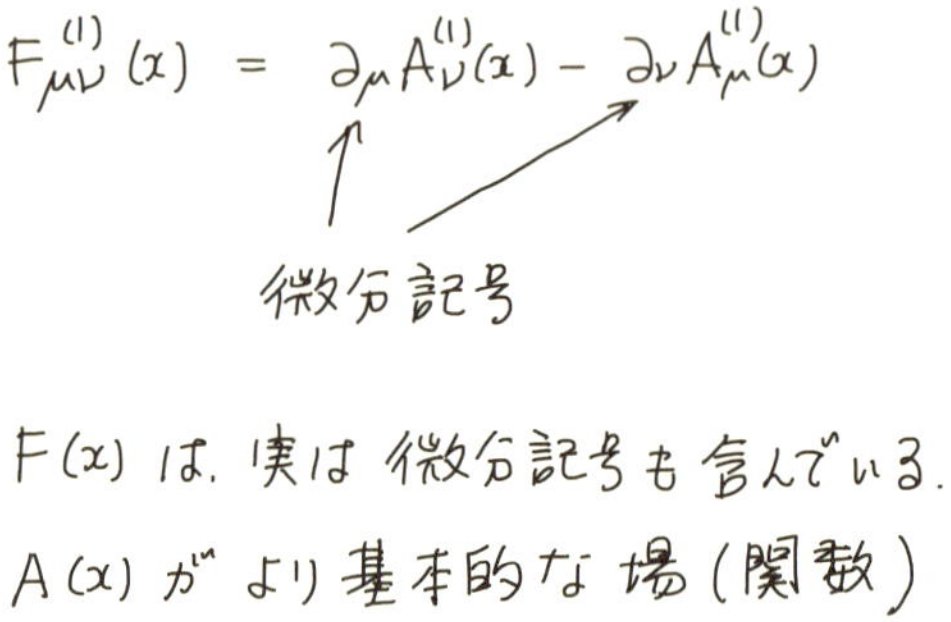
$F^{(1)}_{\mu\nu}(x) = \partial_\mu A^{(1)}_\nu(x) - \partial_\nu A^{(1)}_\mu(x)$
微分記号
F(x) は、実は 微分記号も含んでいる.
A(x) が より基本的な 場(関数)

図13

そう言って美咲パパは、矢印の横に長い波線を書いた。波線をすごく綺麗に書くところを見ると、きっと、いつもこんなのばかり描いてるに違いない。

「数式をよう見てみ、Fも式の中で2乗されてるから、2回登場してるねん。消えて作られる、ちゅうことやな」

たしかに、数式の中には、Fが2回現れる項がある。でも、さっきのとちょっと違う。微分のDがないし、上にくっついていた棒も、Fの上にはない。

「あの、さっきのψと、似てるけど違いますよね。Dとか棒とか、ないから、素粒子は動かないっていうことですか?」

「あー、リカちゃんは式をよう見てるなぁ。ははは。僕がゴマカしたところ、バレたか。ちょっと補足説明せなあかんな。基本的にはψのときと同じになるねん。まず微分やけど、じつは、F自身の中に微分が入っとるねん。Fはほんまは DかけるAって書かれてて、Aが関数で、ほんまの光子の場やねん。それを、僕ら物理学者は簡単のためにまとめてFって書いてるだけやねん」

ちょっと、安心した。違うように見えたけど、じつは、まとめて書いていただけだったのか。よかった。

「ほいで、Fの上には棒がついてない、っちゅう話なんやけど、これな、おもろいで。ψは素粒子では電子とかに対応してる、ってゆうてたやろ。これな、電子って、数えられるねん。一方、Fは光子に対応してるけど、光子は数えられへんねん。数えられる素粒子は棒がつくねんけど、数えられへんやつは、棒がつかへんねん」

「そういう、ヘンテコなルールなんですか？」

「いやいや、これも、導ける話なんやけどねぇ、どない説明したらエエかなぁ」

そう言って美咲パパは頭をボリボリかき始めた。

「あの……そもそも、上についてる棒ってなんのことを表すんですか」

私がそう聞いてみると、美咲パパは、そこや！　っという顔をして、

「そやな、まずそれを説明せなあアカンかったな。数学で『虚数』って習った？」

横で聞いていた美咲が、けだるそうに答えた。

「2次方程式の解を求めるときに、むりやり習ったよ。ルートの中にマイナスが出たら、仕方ないから、想像上の数『i』っていうのを考えて、答えを書くって。でも、どうしてそんなことするのか、全然わからなかった」

「ははは、まあ、その時点では、計算をやり終えるためのモノとして考えてるだけやもんな。じつは、素粒子は虚数にもなるんやで」

えぇ？　虚数って、「虚」っていうからには、ありえないから虚数って呼んでたんじゃなかったの？

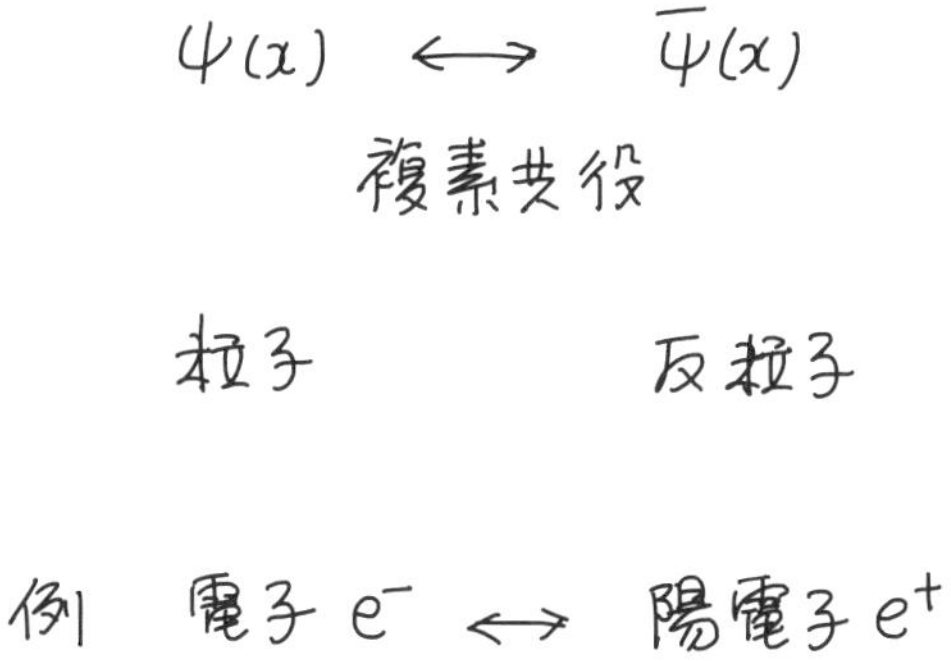
$\psi(x) \longleftrightarrow \bar{\psi}(x)$
複素共役
粒子
反粒子
例　電子 e^- $\longleftrightarrow$ 陽電子 e^+

図14

「そやな、例えば電子もψっていう場の一つやけど、ψは実数になったり虚数になったりするんや。実数と虚数の和を『複素数』って呼ぶのは習ったやろ。ある複素数があったとして、ほんで、複素数の上に棒をつけるのは、『複素共役《きょうやく》』って言われてる操作なんや。実数のところはそのままにして、虚数の前の符号をマイナスにする、それが複素共役や。というわけで、ψの複素共役を、上に棒をつけて表すんやで」

「素粒子の関数が虚数だったら、マズくないですか？」

「うん、そのままやったら、どう解釈してエエかわからへんよね。まあ、今は難しくてちょっと教えられへんけど、20世紀の物理学の金字塔の一つに『量子力学』っちゅうのがあって、素粒子は複素数で表されることを使わへんと、うまいこと現象を説明できへんということがわかったんや。量子力学、ざっくりゆうたら、複素数の中で、実数と虚数の両方をうまいこと混ぜたら、素粒子を見つけられる量になる、っちゅう話なんや」

「ぜっんぜんわからない！」

美咲と私は顔を見合わせて、笑い始めた。

「そらそうやな、人間がこの宇宙を支配する数式に到達するのにも、電磁場のマクスウェル方程式から1世紀かかっとるもんな。わからんで当然や。けどな、一旦わかると、わかりやすくなるもんや。辛抱して聞いてや。なんしか、素粒子の関数は複素数になるときがあって、上の棒は、複素数の複素共役なんや」

「あの、もともとの話は、どうして棒がついてるのとついてないのがあるのか、ってことだったんですけど」

「うん、つまり棒がついてる素粒子の関数は、複素数やねんけど、複素数は、虚数がついてるおかげで、2種類に分けられると考えられるんや。実数から見て、虚数の係数が正のほうと、虚数の係数が負のほう、にわけるような感じや。この分け方で、一つの関数ψで書かれた素粒子は、2種類に分けられると考えられるんや。この2種類は、裏表の関係になってて、一方を粒子と呼んだとすると、もう一方は反粒子、って呼ばれる」

「え、じゃあ、ψは2種類にさらに分けられるんですか？」

「そうそう。電子には裏の顔があって、そいつは陽電子って呼ばれてるんや。ディラックが陽電子の存在をψの数式から予言して、ほんで、実際に発見されたんやで。陽電子は、電子と逆符号の電荷を持つんや。裏表の関係にあるんやな。電荷があるから、電子は数えられるんやで」

美咲と私は、必死に高校の物理の教科書の内容を思い出そうとしていた。たしか、電流は電子の流れだって習った気がする。そっか、電流っていうのは、流れてる電子を数えてるのかな。

「数えられる素粒子は、時間が経ってもなくならへんのや。ψの絵描いたやろ、この矢印、あるところで始まってあるところで終わっているように書いてあるけど、じつは、ちゃうねん。この矢印はずうっと続いてるねん。なくならへんから、線の数は決まったままで、数えられるねん」

私はちょっとびっくりした。数えられる、ということの理由なんて、今まで考えたことがなかったから。まあ、たしかに、リンゴの数を数えましょう、とか小学校の初めに算数で習うけど、リンゴを食べてしまったら数なんて変わっちゃうから、ホントは数えられないよね。なくならないものを考えるから、数えられるのか。

「じゃあ、光の素粒子Fは、数えられないんですか？」

「そや、棒がつかへん、っちゅうことは、複素数やない。つまり、反粒子とかはない、っちゅうことや。電荷がないから、数えられへんのや。光って、目で見るやろ。見えるっちゅうのは、やってくる光を目で吸収して、光子の数が変わるから、見えるんや」

私が美咲の顔を見ると、美咲は私の顔を見た。お互いの目をじっと見つめ合って、美咲パパの言ってることを確かめようとしたんだけど。ムリムリ。

美咲パパは笑い出して、

「ああ、僕のゆうてること、疑ってるな。まあ、しゃあないわな。よーう考えてみ、オモロイから。こんどは、光子の数が変わることで力が働く、っちゅう数式の他の項の話をしたるわな」

今日の美咲パパの話のまとめ

・関数の記号は素粒子を作ったり消したりする。
・数式の項は、素粒子を動かす。
・関数の上の棒は、複素共役のことで、数えられる素粒子についてる。

とリカのLINE

【浪速阪《なにわざか》のメール】 2月16日

Subject: Acceptance LT15741

Mさん、Yさん

論文アクセプトされました!

やりましたね!!!

祝杯あげましょう!

浪速阪

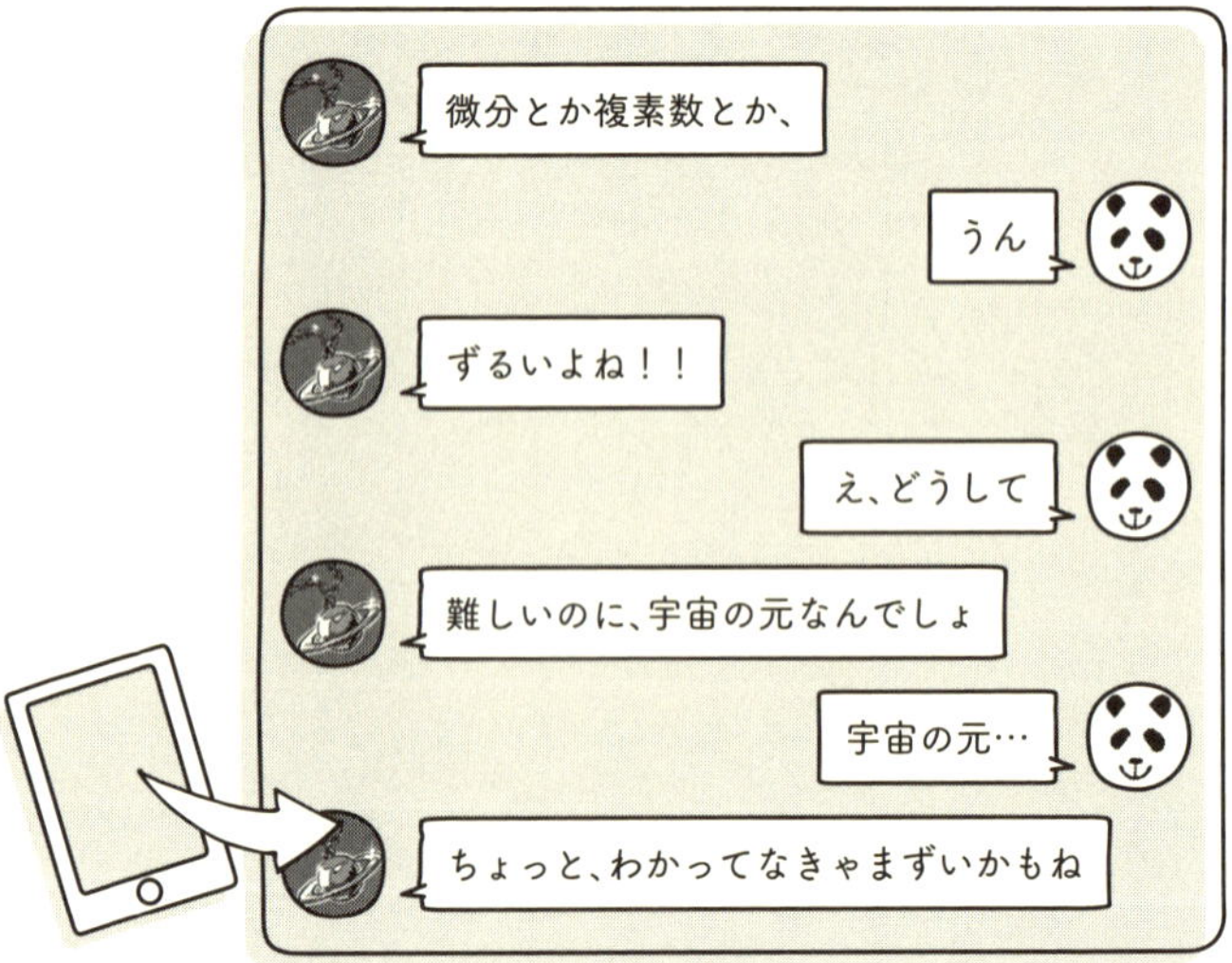

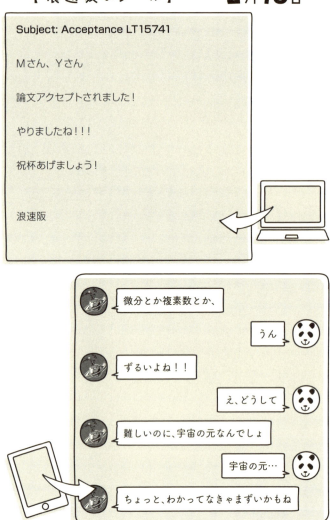

さらに深く知りたい方へ❹

素粒子と複素数

複素数の考え方は、物理学に深く浸透しています。本文の講義で紹介されている、電荷が複素数によるものであるという考え方は、「対称性」と呼ばれる素粒子物理学の根本原理の元になっているものです。

作用に対称性があると、電荷を持った素粒子が現れる、ということになっています。このことを見てみましょう。

まず、対称性とは何でしょうか。対称性とは、ある量やある現象を表す数式があったときに、その数式自体が、式に現れている関数や記号を少し変更しても、結果的に変わらないことを言います。例えば、2次元平面において、ある点Aを考えます。原点からこの点Aまでの距離を考えましょう。この「距離」という物理量は、もし、座標平面全体を回転しても、変わりません。x軸やy軸が回るだけで、距離は変わりませんね。これが対称性です。

特に、この対称性は回転対称性と呼ばれます。回転対称性は、ある点のまわりでぐるぐると回しても、物理量が変わらない、という性質のことです。じつは、回転対称性と、本文の講義で出てきた電荷は、関係しています。電子の場（関数）は、複素数です。複素数には、実部と虚部があります。これらをx軸とy軸、と考えることにしましょう。すると、複素数は、2次元平面上の点Aであると考えられます。この2次元平面のことを、複素平面と呼びます。ところで、複素数の複素共役と、元の複素数をかけ合わせると、じつは、複素平面上の、原点から点Aまでの距離を2乗したものになります。距離は、複素平面自体を回転させたとしても、変わりませんでしたね。ということは、電子の場の複素共役（$\bar{\psi}$の上に棒がついたもの）と、電子の場（ψ）をかけ合わせたものは、回転を行っても変化がありません。つまり、「作用Sに対称性がある」のです。

作用Sの形をよく見ると、他にもψが登場する項があります。この項も、ψの上に棒がついたものとψが、ペアになって登場しています。ということは、作用全体について、ψを複素数と考えたときの複素平面の回転対称性が存在しています。このことを、「理論に対称性がある」と言います。作用Sが、場の量子論では一つの模型（理論）を規定しているからです。

理論の対称性は、許される作用Sを書き下すために、最も重要な役割を担っています。その対称性で許される項の種類が限られてしまうからです。特に、素粒子の標準模型では、ヒッグス場と重力の部分を除いた残りはすべて、対称性だけから決定されます。それだけ、対称性のパワーは強いのです。

また、特に重要なことに、作用Sが対称性を持つと、その対称性に付随して、必ず「電荷」のような保存量が存在する、という定理があります。物理学における「保存量」とは、時間が経っても総量が増えたり減ったりしないもののことを言います。例えば、全エネルギーも、「エネルギー保存の法則」で増えたり減ったりしませんが、これも保存量の一種です。エネルギーが保存するのは、じつは、対称性のおかげです。エネルギー保存に対応する対称性は、作用Sが時間を進めても形が変わっていない、という「時間並進対称性」と呼ばれるものです。高校では、エネルギーが保存するということは頭ごなしに教わりますが、じつは、それは基本的な作用Sの対称性から導かれるものなのです。

作用Sに対称性があれば保存量が存在する、という定理は「ネーターの定理」と呼ばれます。素粒子の標準模型には、先ほど説明した回転対称性と並進対称性の他に、二つの対称件が存在しています。じつは、対称性があることと、「力」が存在することは、深く関係しています。ある種の対称性は、力を生み出すのです。むしろ、力の源泉は対称性であるとも言えます。自然界に四つの力があるのは、作用Sに四つの対称性がある、ということに起因しています。

このように、作用Sはすべての物理現象を規定します。対称性、電荷、力。これら、異なったように見える概念は、Sの中で一つの概念になっているのです。

休憩

科学者の議論をのぞいてみた

「ねぇ、リカ、今日はパパの仕事場に行くから、一緒に来てね」

学校の帰り道、美咲が急に言い出した。

「えー？　いつもみたいに美咲の家で宿題させてよ」

「それでもいいんだけど、パパが今日は大学にいるんだって。昨日のパパの話の続き、聞きたいでしょ」

「うーん、そうね、わかった。でも、美咲パパって、ホントは仕事に行くんだ」

私は笑いながら、美咲をちょっと茶化してみた。

「そりゃ行くよ～」

そう言った美咲の顔が曇った。

「リカんちと違うかもしれないけど、そう言えば、パパはよく家にいるね。でも仕事はしてるはず」

「今日は美咲パパの仕事場に行って、邪魔じゃないの？」

「私もわからないのよ。でも今朝ね、パパがとりあえず来いって」

「美咲パパって大学の先生なんでしょ。なんだか、自由ね～」

「そうよ、家でもウロウロしてるだけだし」

私たちは爆笑した。でも、私は科学者の職場には、ちょっと興味がある。科学者は普段、どんなことをしてるんだろう。

私は、宇宙の研究というと、巨大望遠鏡とかロケットとかを作っている実験室っぽいものを想像するなぁ。そうだ、宇宙の研究をしてる美咲パパは、実験室にいるのかな？　白衣を着て、ヘルメットとゴーグルとか着けてたりするのかな？　でも、美咲パパは「宇宙を数式で調べてる」って言ってたから、きっと実験室じゃないよね。やっぱり、あの数式を書いているんだろうか。

「ねえ美咲、美咲パパってどんなカッコで大学の仕事場に行くの？」

「え、カッコ？　いつも家にいるときと同じカッコで出て行くよ。ていうか、いつも同じようなカッコしてるから、買い物から帰ってきたのか、大学から帰ってきたのか、外国出張から帰ってきたのかもわからないのよね」


美咲パパの大学の建物までやってきた。「物理学専攻棟」って建物の入口に大きく書いてある。何だか立派な建物だ。美咲に電話で呼び出された美咲パパは、昨日と同じ服を着ていた。

「おう美咲、リカちゃん、よう来たなぁ。まあ、入りや」

「パパ、私たち、勝手に入っていいの？」

美咲パパは大声で笑って、答えた。

「ほんまはアカンかもしれへんけど、高校生に研究を紹介するツアーは大学でもしょっちゅうやってるから、今日は君ら高校生に個人的に研究を紹介したってる、ちゅうことにしとこか」

なるほど、今日は見学ツアーね！

建物に入り、エレベーターで7階に上がると、机とソファみたいな椅子が幾つか置かれたオープンスペースみたいなところがあって、そこへ美咲パパが私たちを連れて行ってくれた。目の前には黒板がある。

「リカちゃん、美咲、これが湯川秀樹が使《つこ》てた黒板やで」

え？　私たちは後ずさりしてしまった。ノーベル賞を取った人が使っていた黒板が、こんなところにポーンと置いてあるの？

「貴重な黒板を、こんなふうにしておいていいんですか？」

「リカちゃん、そこがポイントやで。黒板なんてもんはな、使わな意味ないねん。この『湯川黒板』はな、湯川秀樹が使てたわけやろ。それと同じものを、学生とか教員が一緒に今も使う。それが、ええんや」

「え、じゃあ、この黒板、書いていいんですか？」

「もちろん。誰でも書いてええんやで。書いてみる？」

美咲パパはそう言って、私たちに白いチョークを渡してくれた。

「パパ、何書いたらいい？」

「あほ、なんでもええんやで。好きなこと書きや。南部陽一郎先生も、ご存命のときには、ここにご自身のお名前とか書きはったこともあったわ」

私は自分の名前でも書いてみようかと、チョークを黒板に当ててみた。学校の黒板と全然違う音がする。ツルツル、というか、カッカツ、というか。湯川秀樹がこの黒板に同じようにチョークで書いていたのかと思うと、不思議な感じがする。教科書の中の人じゃなくて、本当に生きていた物理学者だった、そんな不思議な感覚が手のチョークに伝わってきた。

「湯川秀樹も、生きてたんですね。当たり前のことですけど」

「そや、そや。ほんで、彼の発見した物理が、あの宇宙を支配する数式に入っとって、そのアイデアは宇宙全体に行き渡ってるんやで。湯川秀樹は、この黒板で何を考えとったんやろなぁ」

「黒板で考えるって、どういうことですか？」

「あ、そやな、それを説明しとかなわからへんわな。リカちゃん、僕らの職業は理論物理学者っちゅうねんけど、理論物理学者は、黒板を使て研究を進めるんや。ちょっと僕の部屋まで行こか」

案内された美咲パパの部屋には、壁を埋めるくらいの大きな黒板がついていた。部屋は小さいけど、右側の壁が全部、上から下まで黒板になっている。黒板には、まったく訳のわからない数式とかグラフとか絵がびっしり書かれていた。

「物理学者で黒板好きな人、多いで。僕らはな、アイデアを数式にするのが仕事の一つや。アイデアって、ぼんやりしてるやろ。それを、数式っちゅう、世界中の誰もが理解できて再現できる形にするにはどうしたらええか。ええアイデアを、よりシャープにするには、どうしたらええか。そこで、黒板にそれを書いたりして、整理したり、発展させたりするんや。よっしゃ、今日はせっかく来てもろたから、黒板で昨日の続きの話しよか」

美咲パパはチョークを取り上げた。と、ちょうどそのとき、ドアがノックされた。

「はーいどうぞ」

美咲パパの大きな声でドアが開くと、そこには20代くらいの男の人が立っていた。急に美咲パパとその人は英語で話し始めた。私には何を言っているか全然わからない。その人は日本人みたいに見えたけど、アジア系の人なのかもしれない。

美咲パパはこっちに振り返って、

「すまん、ちょっとこの学生と議論せなあかんから、部屋のそっちに座って待っててくれるか。15分くらいで終わるから」

美咲と私はうなずいて、邪魔にならないように部屋の隅のほうに移動した。

「ねえ美咲、あの男の人、学生？」

と私は美咲に小声で言った。

「そうね、でも英語だから、外国人の学生さんよ、きっと」

美咲パパはその学生とひとしきり立ち話をしていた。そのあと、その学生は、黒板の半分くらいを消して、そこに数式を書き始めた。何か英語で美咲パパに説明しながら、式をいくつも、チョークですらすらと書いていく。美咲パパはそれを聞きながら、うなずいたり、時々口を挟んだりしている。

4次元の系

そういえば、この黒板、いろんな筆跡があるように見える。大きな字で書いている人もいるし、黄色のチョークで書いているのもある。xの書き方もいろいろあるようだし、そっか、美咲パパだけじゃなくて、学生さんとか、今みたいにこの黒板に書いてるんだ。

黒板って、先生が使うものと思ってた。科学者の黒板の使い方は、高校とは違うみたいね。美咲パパが学生さんの説明を聞いてるみたいだから、まるで逆。どうなってるのかな？

そのとき、美咲パパは急に立ち上がって、チョークを手に取り、黒板の他の場所に式を書き始めた。学生さんはそれを見ながら、時々質問を挟む。もちろん、何を言ってるかは全然わからないけど、質問みたいだ。

「美咲、あの英語、何言ってるのかな」

美咲はくすくす笑って、目配せした。

「英語だからわからないんじゃなくて、たぶん、日本語でも全然わからないだろうね。私、あれ宇宙語って呼んでる。家でもときどき、パパは宇宙語を話すから」

宇宙語という表現が面白すぎて、爆笑しそうになったけど、ぐっとこらえた。

ふと気づくと、美咲パパと学生さんは、黙りこくっている。二人は立ち尽くして、黒板に書かれた一つの数式を眺めていた。そのまま数分の時間が流れた。二人とも、ピクリとも動かないし、まるで時間が止まっている映画のシーンみたい。

美咲に話しかけようかと思ったけど、あまりに静かなので、やめておいた。面白いのでしばらく眺めてみることにしよう。

さらに数分ほど経ったのかな、美咲パパがウロウロとし始めた。黒板とソファの間の1メートルの範囲を、行ったり来たりしている。学生さんは、相変わらず黒板を見つめたまま、止まっている。

「美咲、ちょっと微妙な動きがあったみたいね」

「実況中継しなくていいから」

私たちはまたくすくす小声で笑った。

しばらくその状態が続いたあと、急に、美咲パパが学生さんに何かひとこと言った。そうしたら、学生さんはひとこと答えて、すぐに部屋を出て行ってしまった。

あれ？　今のは何だったんだろう⁇　私は思わず聞いてしまった。

「すみません、今、何が起こってたんですか？」

美咲パパはまだウロウロとしていたが、私の声に気づいたらしく、

「え？　ごめん、なんかゆうた？　なに？」

「あ、邪魔してすみません。すっごく静かに黒板を見続けていたの、あれは、何が起こってたんですか？」

「あー、あれ、な」

美咲パパは、ホッとしたような笑顔で答えた。

「ちょっと、どう解いたらええかわからへんかったからな、学生と二人で考えとったんや」

「二人で考えるって言っても、何も話してませんでしたよ」

「ははは。そやな。まあ、けど、黒板の数式を静かに眺めてるときもあるわな。それは、会話してへんわけではなくて、心の中で会話してるんやな。相手がおるときに黙ってるのと、相手がおらんときに黙ってるのは、全然違うからなぁ」

私にはよくわからなかった。相手がいるのに黙ってたら、普通はおかしい気がするんだけどね。科学者の生活は、時間の流れ方が少し違うのかな。

美咲パパを見ると、また、その数式を眺めて、ピクリとも動かず止まってしまっていた。美咲と二人でそれを見て、また、小声でクスクスと笑ってしまった。

第5講義

式を読もう！ その3 記号のかけ算は、力

美咲パパは、大きな黒板の上のほうに書かれた式を見つめて、全く動かない。固まってしまった。

「ね、リカ。うちのパパって、変でしょ」

美咲は悪びれもせずに、大きい声で私に話してくる。

「うちでもね、よく固まってるのよ。パソコン見ながら、とかね」

そのとき、美咲パパが大きなため息をついて、

「ああ、あかんわぁ」

とボソッと言うと、両手でパンとひざを叩いて、こちらを向いた。

「リカちゃん、美咲、ほな、昨日の続きの話しよか」


美咲パパは、さっきまでずっと眺めていた数式を、黒板消しで全部消してしまった。あれ、あんな大事そうに眺めていた式なのに、消しちゃっていいのかな？　そう思っていると、消された黒板の場所には、昨日教えてもらったψの矢印の絵が描かれた。

黒板の他の場所をよく見ると、同じような矢印の線や波線の絵が、いくつも描かれていることに気がついた。左端のほうには、矢印の線がぐるっと丸まっていたり、下のほうには、波線が何本も描かれていたり。

私は、たまらず聞いてしまった。

「黒板にたくさん、同じような絵がありますね」

美咲パパはニヤリとして、

「おう、気づいてくれたか。僕ら研究者はな、こういうファインマン図を描いて、研究してるんやで」

「美咲パパ、こんなのだったら私でも描けるんですけど、こうやって描いたら、何かいいことあるんですか？」

「ワハハ、エエことあるんやで。素粒子がどういうふうに力を及ぼし合うか、が目に見えるようになるんや。今日はその説明したろな。まずは、な、前のプサイの項を見てみよ。Dっちゅう記号あったやろ」

「微分っていうことでしたね」

「そうやねんけど、じつはもうちょっとちゃんと言うと、微分は小文字のd使うやろ。大文字のDで書くときは、Dの中に、小文字のdも、Fも混じってる、っちゅう記号の定義やねん。まあ、$D=d+F$、みたいに思ってくれたらええかな。そやから、この項は、じつは、二つの項に分かれる。ψを消して作るっちゅう、素粒子ψの動きを表す項と、もう一つ。ψを消して、ほんで、ψとFを同時に作る、そういう意味があるんや」

二つの素粒子を同時に作る？　一つ消して、二つ作ったら、数が一つ増えるよねぇ。

「素粒子の数が増えてません？」

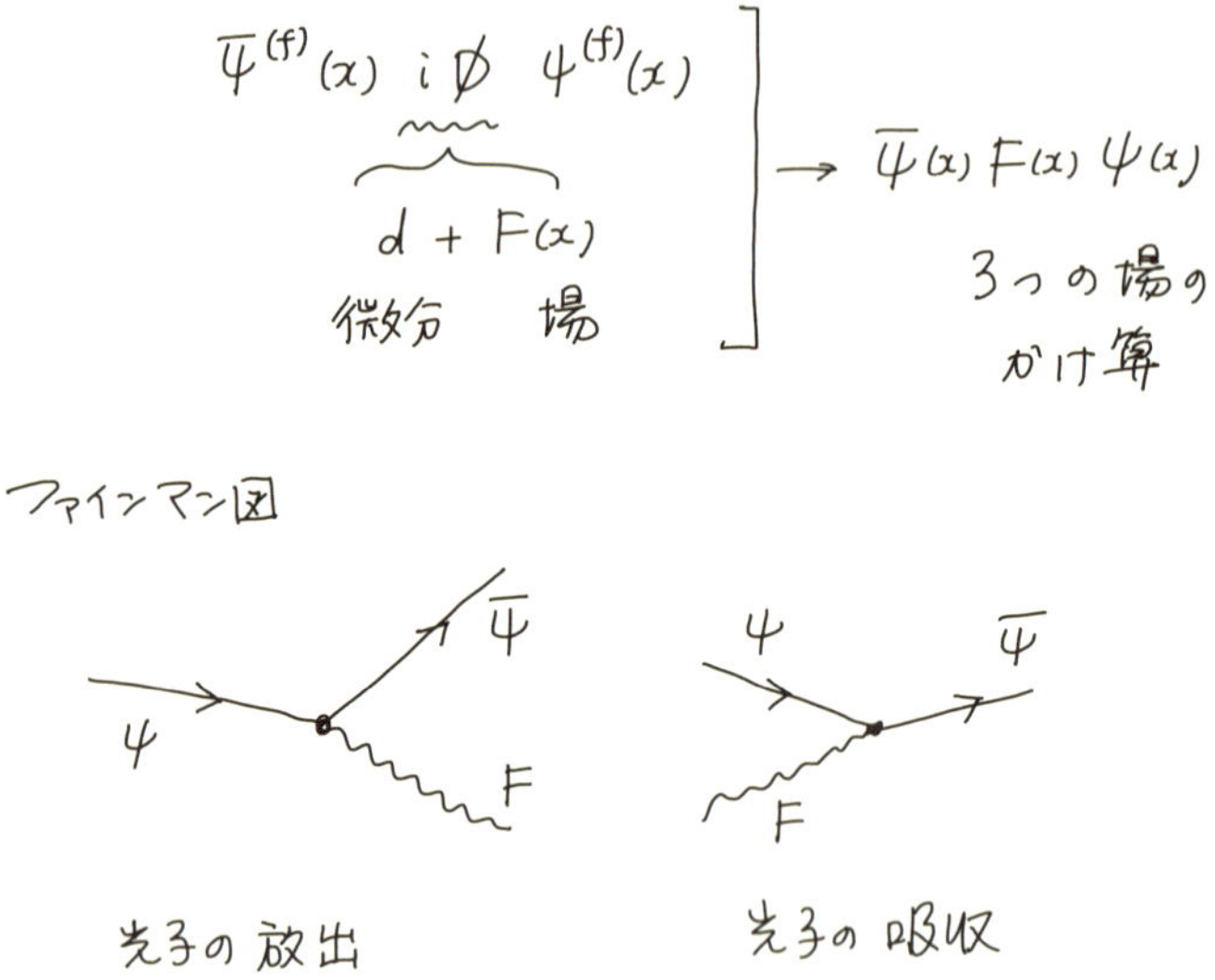
$\bar{\Psi}^{(f)}(x)\ i\not{D}\ \psi^{(f)}(x)$
$d + F(x)$
微分 場
$\rightarrow \bar{\Psi}(x)F(x)\psi(x)$
3つの場のかけ算
ファインマン図
ψ
$\bar{\Psi}$
F
ψ
$\bar{\Psi}$
F
光子の放出
光子の吸収

図15

「正解やで！　つまり、この数式は、素粒子から素粒子が放出される過程も表してるんや。関数ψは電子とかの素粒子で、関数Fは光子やったやろ。つまり、電子から光子一つ作られて、飛び出とるんや。この過程をファインマン図で描くとなぁ……」

美咲パパは、矢印の入った線の途中から波線が出てくる絵を描いた。

「こんなふうになるやろ。これが、電子から光子が1個、放出される過程を表すファインマン図や」

「昨日、光子は数えられないって言ってましたよね」

「そう、そう。光子は放出されたり吸収されたりするから、数が決まらへんのや。三つの線が集まってる真ん中の点を見るやろ。これは『相互作用』って呼ばれてるねんけどな。この点に、矢印の線は二つ、入って出てる。そやから矢印の数は、入って出るから、変わらへん。けど、波線は、出るだけやから、数が変わってるやんな」

「昨日、光が見えることとの話もありましたね。ちょっとよくわからなかったんですけど」

「おう、この図を見ると、光が放出されてるように見えるけど、同じ絵で波線の方向を変えてみよう」

美咲パパは隣に同じような絵を描いた。こんどは、波線の方向が少し違う。

「左から右の方向に、時間の軸がある、と考えてみてな。そしたら、この新しいファインマン図では、光子が電子に吸収されてるように見えるやろ。おんなじ図で、光が電子から放出される様子も、電子に吸収される様子も、表せるんや。ちなみに、吸収される様子、これが、リカちゃんの目の中で起こってるんやで。目にやってきた光子を、目の中の電子が受け止めるんや。これが、『見える』ちゅうことの、ミクロの過程なんやで」

素粒子みたいに目に見えないほど小さなものが積み重なって、今、私はものを見ている。そう言われても、なかなか実感はわかないけれど、少なくとも宇宙を支配する数式の中で、一つの項が光の性質を決めているみたいだということは、何となくわかった。

「電子が光子を吸収したからって、それが、見えるっていうのと直接はつながらないんじゃないですか？」

「リカちゃんは厳しいなぁ。その通りやけど、まあ、この話は、視神経とかそういうのが、ぜーんぶ素粒子でできてて、その一番小さいところの話をしてるから、な。そや、例えば、視神経を伝わる電気信号みたいに、電子が動くと電流になるやろ。そもそも、どうやって電子は動くか、っちゅうことも、このファインマン図でわかるんやで」

美咲パパはそう言って、さっき二つ描いた絵を、くっつけた絵を描いた。

「光子の放出と吸収、二つのファインマン図を描いたやろ。この二つの図を持ってきて、波線のところでくっつけるとな、ちょうど、二つの電子の間に光子が一つ飛んでる絵になる。これは、二つの電子の間に電磁気力が働いた、っちゅう絵なんや。つまり、力が媒介している状況が、こ

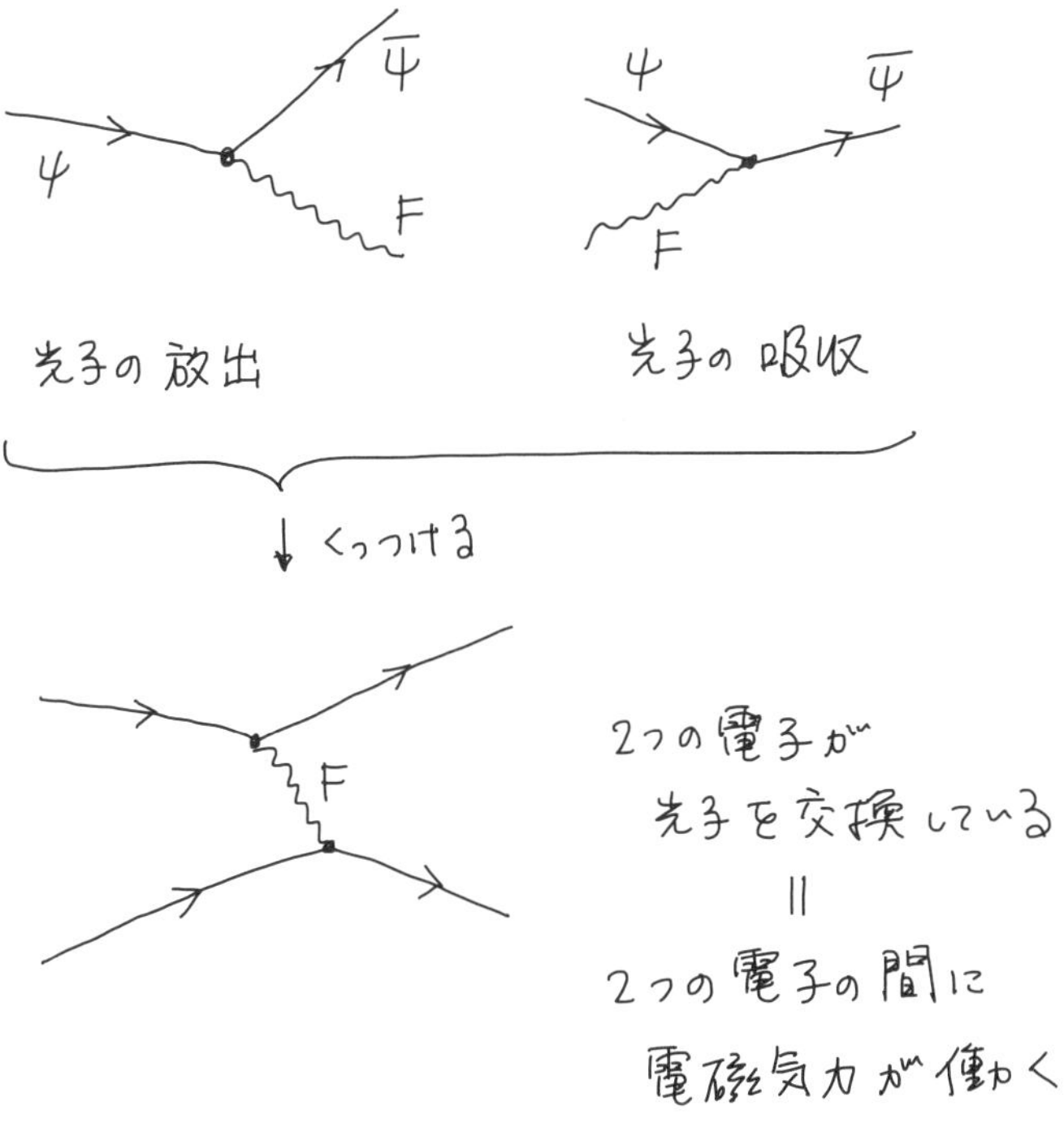
Ψ
$\overline{\Psi}$
F
Ψ
$\overline{\Psi}$
F
光子の放出
光子の吸収
くっつける
F
2つの電子が
光子を交換している
||
2つの電子の間に
電磁気力が働く

図16

の数式から出てくるんやで。力が媒介されて初めて、二つの電子はぶつかったら跳ね返る、っちゅうことができるようになるんや。電子の散乱や。もし力がなかったら、スカスカで通り過ぎるだけやもんな」

図を見ると、いかにも二つの電子が跳ね返っているように見える。でも、二つの電子が波線でつながって、引き合ってるようにも見えるね。そうか、力も、引っ張るときもあれば、跳ね返すときもあるもんね。

素粒子の間に力が働くことが、この数式を使えば、出てくるというわけか……あれ？　でも、今、図を2回使ったような気もするけど……それは、いいんだろうか。

「力を出すときに、同じ絵をくっつけましたよね。それは、いいんですか？」

「リカちゃん、よう見てるなぁ。そやねん、この数式から出てくる『くっつけ』ルールは、何回でも使《つこ》てエエねん。100回でもエエ、っちゅうこと。原理的には無限回くっつけてファインマン図を描いてもエエねんで。これを、専門用語で『摂動論《せつどう》』って言うねん。もちろん、電子の散乱の計算で、無限回くっつけて足しあげた人はおらんけどな」

「あれ、『計算』って、この絵、計算なんですか？」

「あ、大事なこと言い忘れたなぁ。ファインマンがこの図を発明した理由は、計算がしやすくなるからやねん。素粒子がどのくらい跳ね返るか、をこの数式から計算して、その結果を実験と比べるんや。それで、理論が実験と合ってるかどうか、調べるんや。図から計算をする方法は、かなぁり説明が難しいから今は教えへんけどな、ざっくり言うと、それぞれのファインマン図に対応して、跳ね返る量みたいなんが計算できる公式があるんや。この公式は、もともとの宇宙を支配する数式から出してこれるんやけどな。ファインマンは、それを図式化したんや。天才やで。ほんで、ファインマン図を組み合わせることで、計算がグラフィックみたいになってな、物理学者がすぐに計算を理解できるようになってるんやで」

そうか、黒板の絵はお絵描きじゃなかったということか。物理学者は、実験と比べることで理論を考えるから、計算するんだろうな。それにしても、計算を絵にするって、面白い。考えたファインマンってどんな人か、あとでネットで調べてみよう。

「ついでに言うとくとなぁ、２０１２年にヒッグス粒子っちゅう素粒子が見つかった、っていう話したやろ。あのときにどうやってヒッグス粒子が見つかったか？　それはな、こういうファインマン図を物理学者が描いててな」

美咲パパは、かなり複雑なファインマン図を黒板に描き始めた。いくつも線を描いてつなげて、そして最後のところに、点線がある。

「この最後の点線が、ヒッグス粒子Φやねん。左側にあるのは、波線のグルーオンや。グルーオンがヒッグス粒子を生成する、っちゅう絵やな。途中にはtって書いてあるやつがあるけど、こいつは『トップクォーク』ゆうてな、ψの一つの種類や。こいつが途中で発生することで、ヒッ

ヒッグス粒子を生成するファインマン図

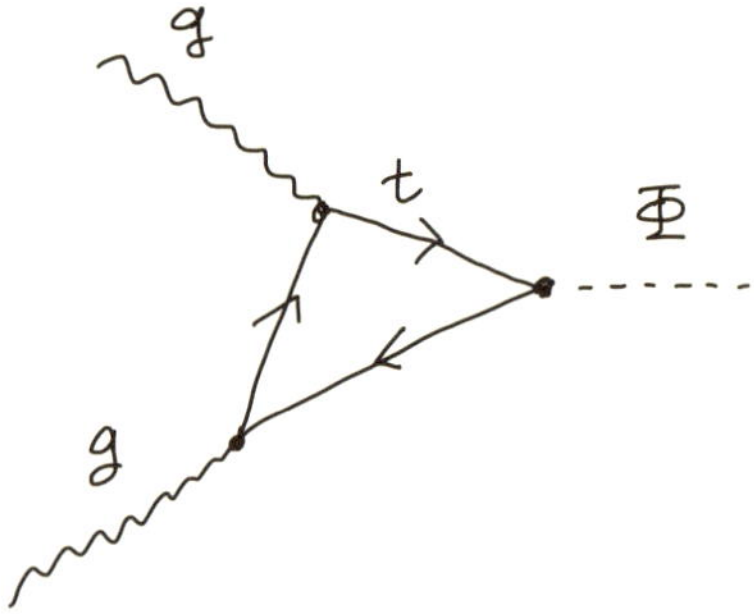

図17

グス粒子が最後に発生するんや」

「これも、図を使って計算するんですか?」

「そう、そう。計算の結果、ヒッグス粒子がどのくらいの頻度で生成されるかがわかるんや。で、大ハドロン衝突器、LHC、って呼ばれる巨大な実験機器で、実際にこのプロセスでヒッグス粒子が生成されたんやで。計算とぴったりに、な。新しい素粒子の発見や」

　絵が新しい素粒子の生成も表してしまうなんて！　計算方法は私は知らないけれど、ファインマン図のパワーは、何となくわかった気がする。

「素粒子が出たり吸い込まれたり、っていうのが、あの数式に入ってるんですね」

「そうや。このファインマン図でも、最後のところ見てみ。tはψのことやけど、それが二つ、そこからΦが一つ出てきてるやろ。ψ、ψ、Φ、や。ほんで、数式の最後の項を見てみ。そこにはψが二つとΦが一つ、っちゅう項になってるやろ。そっから、この図の最後のところができてるんや」

「なるほど！　あれ、でも数式にはその項にyっていう記号がついてますけど」

「ああ、これは関数やなくて、定数なんや。数字、数字。ある数字が入る。式の書き方が紛らわしくてすまんな。この定数は、『湯川結合定数』って呼ばれてて、ψψΦの分かれる強さを表してるんや。ψの中でも『t』って書かれる『トップクォーク』に関して、湯川結合定数の値はむっちゃでかいことが実験で知られてる。そやから、ヒッグス粒子Φはトップクォークを介して発生しやすいんや」

へぇ、湯川秀樹って、すごいみたいね。その数の大きさで素粒子の出てきやすさとか決まってるみたいだし。ふーむ、数式のことは、何となくわかってきたけど、それより、美咲パパが興奮してきたみたい。

「宇宙を支配する数式が、素粒子の生成消滅を全部握ってるんやで！」

美咲のほうをふと見てみると、美咲も、黒板に描かれた図を見て固まっている。あ、この二人、やっぱり親子だ。私はニヤニヤしてしまった。

でも、ちょっとは、美咲が固まっている気持ちがわかる気もする。この宇宙とか、自分の体とか、全部素粒子でできていて、それで、素粒子がくっついたり離れたりするのが、あんな図で全部計算されちゃうわけね。それって、すごい。

私は、宇宙の秘密を知ってしまった気がした。美咲と一緒に、黒板のファインマン図を眺めてみることにした。この図を初めて描いた人って、きっといるはず。その人は、どんな気分でこの図を描いたんだろう。新しい世界の地図を描くみたいなものだろうか。

この図は、宇宙を支配する数式から出てくる、って美咲パパは言う。数式を初めて描いた人は、どう思ったんだろう。

今日の美咲パパの話のまとめ

・数式の項は、他の素粒子の放出や吸収も表せる。
・ファインマン図で素粒子の散乱とか生成とか、描ける。で、計算できる。
・宇宙を支配する数式 → ファインマン図 → 素粒子の現象、全部。

とリカのLINE

【浪速阪《なにわざか》のメール】　2月17日

Subject: Fwd: [JHEP] Editor decision on document 1216

みなさま
ドラフトの修正、やってみました。

referee replyのほうは、僕以外の赤字は黒字に直しておきました。こまかい文法の修正とかは、特に赤字にしていません。

Mさん、最終チェックをしてresubmissionをお願いします。

今度はうまくいくといいですね。

浪速阪

宇宙の秘密を知ってしまった

そんな感じする

よね

ファインマン図だっけ、あれスラスラ描きたい

ていうか美咲もファインマン図でできてるから

やばい

やばい

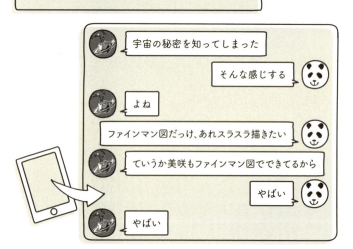

さらに深く知りたい方へ

❺ ファインマン図

素粒子物理学の研究室を訪問すると、必ずと言っていいほど、黒板に描かれたファインマン図に遭遇します。もし、機会のある人は、オープンキャンパスなどで訪ねてみるといいでしょう。運が良ければ、いろいろな種類のファインマン図を見ることができます。素粒子物理学の研究者は、ファインマン図を使って会話をしていることが多いのです。

ファインマン図は、お絵描きというよりは、数式です。一つのファインマン図が、一つの数式に対応しています。その数式が計算しているものは、「散乱振幅」と呼ばれる量です。散乱振幅とは、おおよそ、その絶対値の2乗が確率を与えるものです。初期状態と終状態のそれぞれがどんな素粒子のどんな状態であるか、が指定されたとき、そのようなプロセスが実現される確率を、散乱振幅の絶対値の2乗が与えます。

例えば、本文の講義で最後に登場した「ヒッグス粒子」の観測のためのファインマン図。これは、初期状態が二つのグルーオンg、そして終状態がヒッグス粒子ϕ、となる場合の散乱振幅を与えます。

ファインマン図を描くルールは、場の量子論の作用Sが与えられれば、そこから導かれます。つまり、ファインマン図は、模型（理論）によって、ルールが異なります。ルールが異なれば、どのような図を描いてよいか、が違います。

例えば、作用Sの中の場としてψしか入っていないような模型を考えたとしましょう。すると、その模型から導かれるファインマン図は、矢印つきの実線のみが許されます。また、Sの中に含まれる、関数が三つ以上かけ合わさった項（それを「相互作用項」と呼んでいます）から、ファインマン図の枝分かれルールが導かれます。枝分かれの頂点には、通例、小さな黒丸などが書かれます。模型が複雑になればなるほど、線や点の種類が増えていきます。光子は波線、というのは世界共通のルールですが、たくさんの種類の場が現れてくると、二重線や波破線など、また黒丸の代わりに白丸や白抜き四角など、さまざまなファインマンルールを考案せねばなりません。というのは、ファインマン図は数式を表しているのですから、作用Sの中の異なる項に対応する記号が必要になるからです。それぞれの種類の線や点に対応する、数式がありります。ファインマン図は、それら個々の数式が全体としてどう組み上がって一つの式になるか、を決めているのです。

ファインマン図を描くと、長い数式を書かずに済みます。これは例えば、かけ算を知らない人がいたとして、「2を5回足したらどうなるか」を考えるときに、2＋2＋2＋2＋2、と書いてしまうところを、かけ算で2×5、と書いてしまえば短くなる、ということに似ています。けれども、ファインマン図は、もっと効率的に短くしている上に、さらに物理的な有用さも与えてくれます。

例えば、初期状態と終状態が与えられて、その確率振幅を計算するとしましょう。ファインマン図を描けば、初期状態から終状態に到達するまでに、黒丸を何回使わねばならないか、がルールから読み取れます。仮に、そのファインマン図には最低でも黒丸を4回使わねばならなかったとしましょう。それぞれの黒丸が与える数式には、結合定数yが含まれています。すると、4回あるので、yの4乗です。確率振幅を考えるためには、さらにその絶対値の2乗を考えるので、yの8乗になります。もし、yがその値として10分の1程度であったとすると、8乗すると10の8乗分の1、という非常に小さな数になってしまいます。ということは、その終状態は、確率的にほとんどお目にかかれない、珍しい終状態である、ということがわかります。

一方で、もしyの値が1程度であるなら、黒丸を何個使っても、ファインマン図が示す確率振幅の大きさは、あまり変わらないことになります。これは悲劇です。なぜなら、黒丸を任意の個数使えるファインマン図をすべて計算しなくては、最終的な答えに到達できないからです。このような状況を、「摂動論の破綻」と呼んでいます。摂動論が破綻したとき、ファインマン図からは予想が難しい、新しい物理現象が出現します。それは、「クォークの閉じ込め」や「異次元空間」です。これらの一部は、前作『超ひも理論をパパに習ってみた』でも解説されていますので、さらに学んでみましょう。

第6講義

絶対あるはずの、足りない「暗黒」項

今日は土曜日。美咲と一緒に、駅前に新しくできたモールの、うわさの雑貨屋さんに行く約束をしている。美咲んちへ行くと、

「ごめーん、もうちょっと、用意に時間かかるから、玄関で待っててくれるぅ？」

美咲の声が、家じゅうに響いた。美咲パパがひょっこり顔を出して、

「リカちゃんすまんなぁ、用意の悪い娘で。バスで行くんか？」

「はい、歩くのはちょっと時間がかかりすぎるんで」

そのとき、家の奥から美咲ママの声がした。

「あんたぁ、駅前のクリーニング、取りに行ってくれへん？　そや、車で行って、ついでにリカちゃんと美咲も駅まで乗せたったらええやん」

「まったく、人づかいの荒いおヒトやなぁ」

と美咲パパは口をとがらせた。

10分後、美咲と私は、美咲パパの車の後部座席に収まっていた。美咲はニコニコして、

「あー、ラクチン。パパ、駅の一つ前の信号のところが便利だからそこで降ろして」

「ほんま、美咲もママもそろって、お父さんを何やとオモとるんや」

何となく微妙な雰囲気だったので、私が口を挟むことにした。

「あの、車に乗せて下さってありがとうございます」

「いやいや、ええねんで。それより、今週は毎日、よう話についてきてくれたなぁ。僕も、数式を教えんの、楽しかったで」

美咲パパは車を走らせながら、話し始めた。

「じつはなぁ、昨日の話で、もう、あらかた説明は終わりなんや」

美咲はびっくりして、

「えぇ？　ちょっと、拍子抜けなんだけど。なぁんとなく、そういう数式があって、それが素粒子を操ってて、宇宙の全部がそれでできてる、ってことは教えてもらったけど、でも、じゃあ、さらに何か研究することとか、あるの？　例えばパパが、ね」

美咲パパは、フフフと少し笑ったけれど、黙り込んでしまった。そうしたら急に美咲が大声で、

「パパ、考えたらダメ!!」

私、ものすごくビックリした。

「リカ、あのね、物理学者って、車の運転はとても危険らしいのよ。昨日も見たでしょ、パパは黒板の前で固まっちゃうのよ。運転中に、ああいうふうに考え込んじゃうと、事故しちゃうでしょ。パパが自分でいつもそう言ってる、車の運転は危ないって。それで、運転はしない科学者もいるんだとか」

「え、じゃあ、私たちバスで行こうか……」

美咲パパは笑い出して、

「ハハハ、大丈夫やで、しゃべってると考え込まへんから。駅までしゃべることにしよか。そやな、ちょうどエエから、物理学者が、あの宇宙を支配する数式について、今どんな研究してるか、ちょっと教えたるわな」

きょ、今日はあまり途中で美咲パパを困らせる質問はしないようにしよう……

「前にちょっとだけゆうたんやけど、あの宇宙を支配する数式、完全やないねん。あれでは再現できへん現象が観測されてるんや。それは、暗黒物質ってやつや」

暗黒物質。すごく悪そうな名前だ。

「暗黒って、黒い物質なんですか？」

「いや、黒いんやなくて、まあ、暗いんや。暗いっちゅうのは、光を出したりせえへんという意味やけど、な。昨日話してたみたいに、電子とか、人類が知ってる素粒子は、お互いに光子とかを吸収したり放出したりして力を及ぼし合ってる。けれども、暗黒物質は重力以外は感じへんような物質のことや。光子の吸収と放出は、電磁気力になる、ってゆうたやろ。暗黒物質は、そういう力は感じへん。重力だけや。そういう、何者かわからんものを指して、暗黒物質って呼んでる」

「パパ、重力が及ぶのに、何者かわからないの？」

「そやねん、パパが学生やった頃はな、その存在すら知られてなかったんや。重力っちゅうのはな、極端に弱い力なんや、電磁気力とかに比べると、な。そやから、宇宙の観測が進んできた最近までは、重力だけが作用する物質の存在が、わかってなかったんや。最近の観測やと、宇宙の組成のうち、人類が知っている素粒子の分はたった5パーセントで、一方、暗黒物質は26パーセントにもなるんやで。知らんもんが、知ってるもんの何倍も、宇宙には存在してるんや」

「『知らない物質』っていうのがどういうことか、わからないんですけど。知らないのに、それがあるっていうのだけはわかるってことですか？」

「そやねん。重力だけを感じる物質で、人類がまだ知らんヤツがある、っちゅうわけなんや。『知らん』っちゅうのは、それを人類は実験で生成したりしたことがない、という意味やな。宇宙の精密な観測が進んできて、どうやら、重力だけを感じる物質がある、と判明した」

「じゃあ、あの『宇宙を支配する数式』は、結局間違っている、ということじゃないですか！」

私は美咲と目を合わせて、肩をすくめた。せっかく今週勉強したのに、これじゃぁ無駄だったのかも。

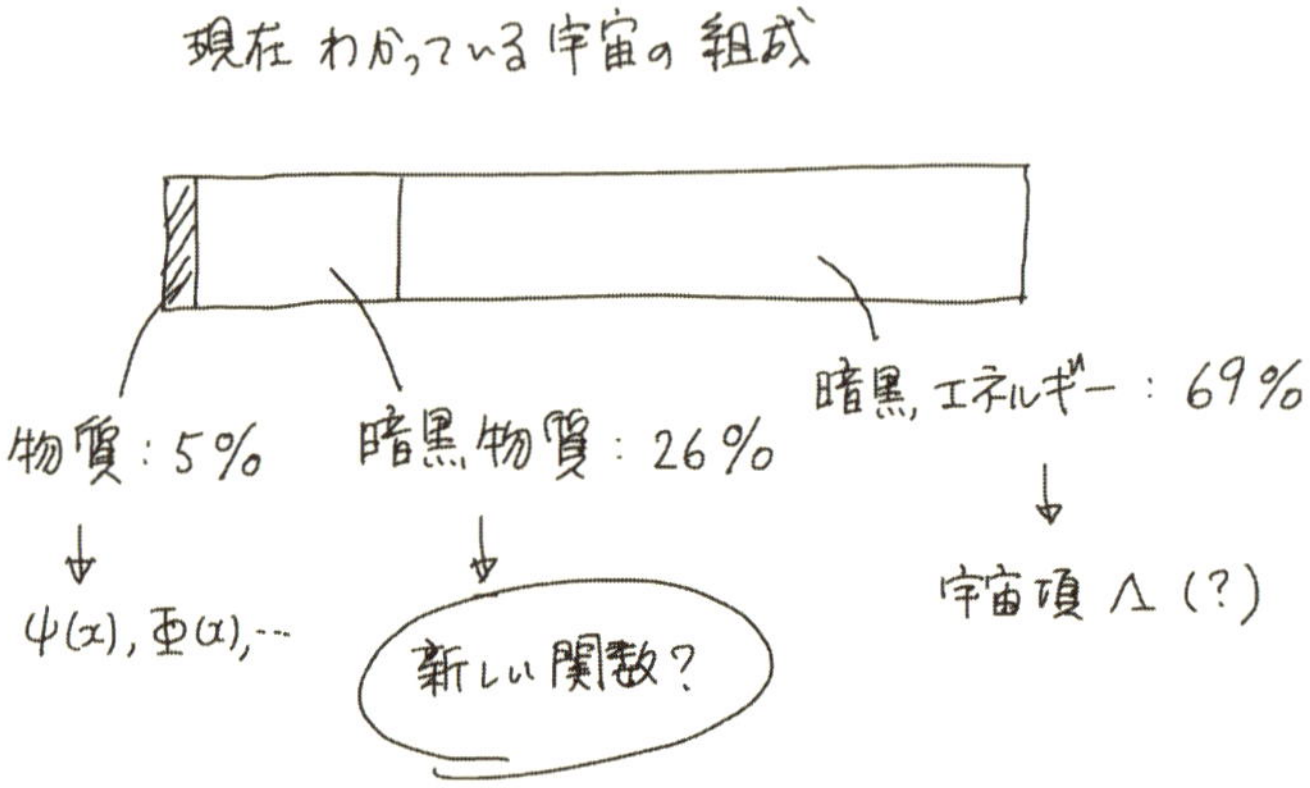

図18

「いや、間違ってるわけやなくて、『足りへん』と考えられてるねん。つまり、あの数式で言うとな、あの式に含まれていない、まだ知られてへん項があるはずなんや。あの数式は、人類が今まで関わってきたすべての実験を再現するから、そういう意味ではほとんど完成してるように見える。けど、宇宙には暗黒物質があることが、宇宙の精密観測でわかった。そしたら、それを再現できるように、今の数式を修正するか、新しい項を足すか、そのどっちかをやらなあかんわけや」

「パパ、その、どっちなの？」

「たぶん、新しい項を足す、と考えられてる。なんでかゆうたら、今ある数式を使っていろいろ計算してもうまく再現されへんから『暗黒物質』って呼んでるわけで。しかも、今の数式の各項は、何千、何万という数の実験で確認されてるからな、変更する余地はものすごく小さいんや」

「でも、もし新しい項を足しちゃったら、それで今までの実験に式が合わなくなっちゃうんじゃないの？」

「いや、そこはうまいこと足せるねん。その新しい項は、まだ人類が導入してない新しい関数、つまり新しい場、で書かれてる。この場が『暗黒物質の素粒子』や。しかも、今の数式で使《つこ》てる関数のうちでは、その新しい項には、重力の場の関数G以外は含まれてへん、と仮定すると、新しい素粒子は重力以外感じへんことになるやろ。そしたら、今までの実験とは矛盾せえへんねん。なんでかゆうたら、重力は弱すぎるから、人間は素粒子を生成するのに重力を使たためし、ないからな。つまり、そういう、新しい関数が入った項が、あの数式に加わることになるんちゃうか、ちゅう予想なんや」

それを聞くと美咲はちょっと嬉しそうに、足をバタバタさせた。

「まだ、あの式は何倍も長くなるかもしれない、っていうわけね！ そうこなくっちゃ。もう、全部わかっちゃってたら、つまんないよね」

「え、美咲、それって嬉しいこと？」

「そりゃ、そうじゃないの。だって、全部わかっちゃったら、人間がやること、なくなっちゃうじゃない」

美咲は、なかなか本気みたいだ。私はちょっとついていけないけど、ね……

「そやから、暗黒物質が何者か、つまり、どういう項で書かれるものかっちゅうのは、まだ誰もわかってへんのや。まあ、将来、実験とか観測で確認されたら、その項を書いた物理学者はノーベル賞やな」

「え、じゃ、パパ書いてよ」

「じつはな、提案してる物理学者は何百とおるねんで。それぞれの提案は、それぞれ違う形の項やねん」

それを聞いて、しばらく前に美咲パパが言っていたことを思い出した。たしか、あの「宇宙を支配する数式」も、もともとはたくさんの科学者がたくさんの式の候補を提案していて、そのあと、たくさんの実験によって、実験をうまく再現できるような候補が選ばれて、最終的にあの式が残った、って言ってたっけ。そうか、今も、まさにそれが科学で行われてる、ということか。

「私、そういう提案って昔の話だと思ってました」

「リカちゃん、そうやないねんで。科学が進展するんは、新しく見つかった現象に対して、科学者が式を提案して、そこから計算されて予言されるさらに新しい現象を、実験や観測で確かめる、そしてまた新しい現象が発見される、そういうサイクルで進んでいくんや。それは、今もそうやで。科学にはたくさんの分野があるけど、どの分野でも、そういうふうに、今も進んでいってる。僕も理論物理学者の端くれとしてな、新しい式を書いて、科学を進めようとしてるんや」

駅前の信号が近づいてきた。私は思わず、体を乗り出して聞いてしまった。

「じゃあ、物理学者はどうやって、新しい項を書くんですか？」

美咲パパはニッコリして、

「リカちゃん、それは、あの式をずぅっと眺めて、それに足りないのは何か、をずぅっと考えるんや。人類の挑戦や」

私は、どうして美咲パパが毎日ウロウロしているのか、ちょっとわかった気がした。

車は駅前の信号に到着して、バタバタと私たちは車から降りた。あれれ、美咲パパは、帰り道の車の運転、大丈夫なんだろうか。

今日の美咲パパの話のまとめ

- 宇宙を支配する数式は、まだ不完全。
- 暗黒物質の項があるはずだけど、わかっていない。

とリカのLINE

【浪速阪《なにわざか》のメール】　2月18日

Subject: GUT

ちわー。久しぶり。元気かな。

ちょっと質問があってメールしてます。
久しぶりにGUTに興味を持っているのだけれど、
E6 GUTでゲージ群破る時に使うのは、78と27
だけで出来るんだったっけ？
もうM1の時の話なので全く覚えていない...
E6の基本的文献ってある？もしあったら教えてくれ
ないかな。
それとSO（10)とかSUSY GUTも、どんなHiggs
の表現が必要か、Phys.Rep.とか読み易そうなも
のがあったらおしえてもらえるととても助かる。

浪速阪

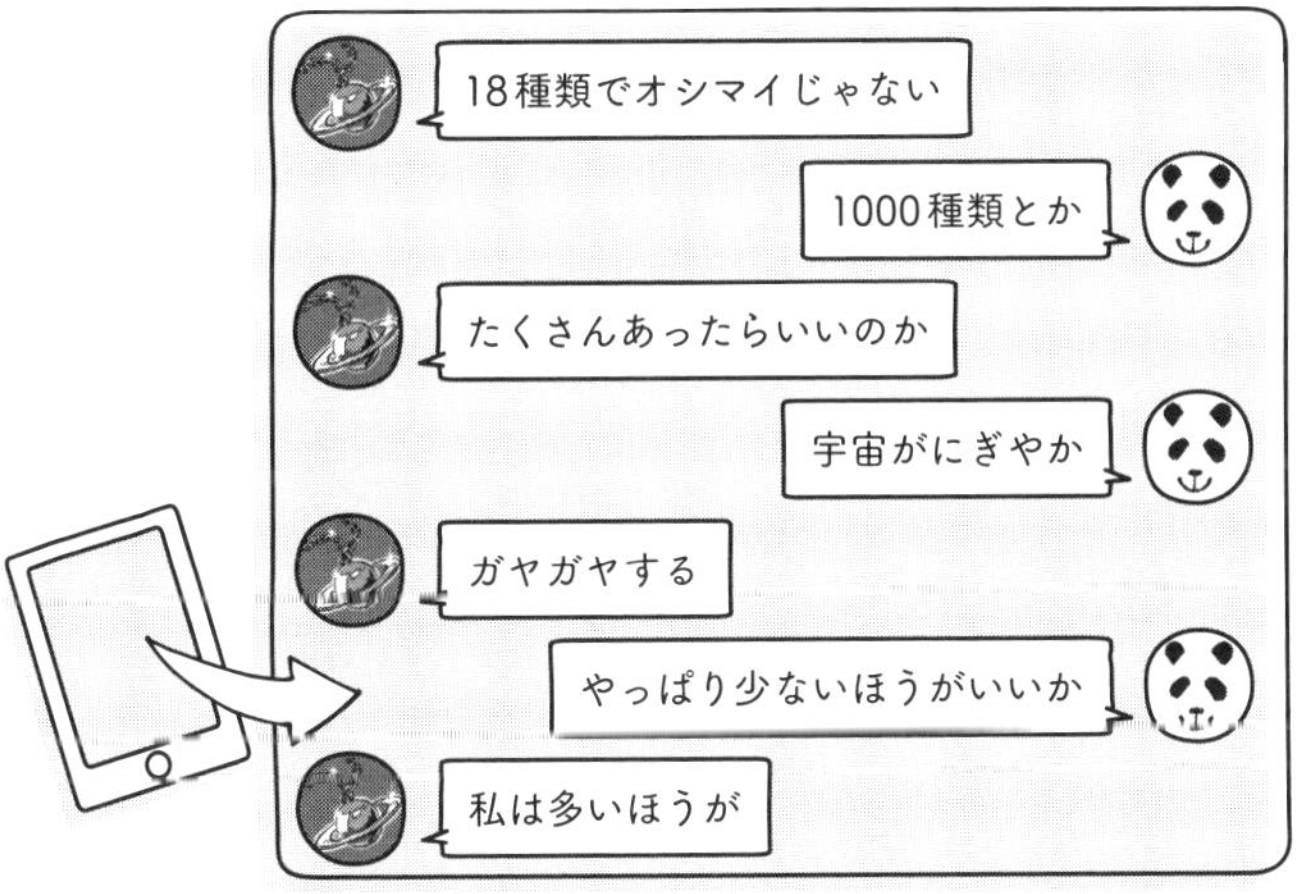

さらに深く知りたい方へ❻

新しい項

暗黒物質の存在が観測から示唆されていることにより、「宇宙を支配する数式」に足りないと考えられている新しい項とは、どんな形をしているのでしょうか。現在は、多種多様な提案がなされており、その提案ごとに、新しい項の形は異なります。

しかし、どの提案も、勝手な提案ではありません。素粒子の標準模型の他の謎を同時に解決してくれるような提案が、より強く研究者を動機づけます。

暗黒物質に対応する、新しい素粒子を導入することが、まず考えられます。しかし、単に作用Sに登場する場（関数）の種類を増やすだけでは、作用はより「醜く」なってしまうだけであり、また、その新しい素粒子の性質も、理論的に制限されにくいため、観測や実験に対する予想を立てにくくなってしまいます。したがって、今わかっている素粒子の標準模型の謎を解明するのが暗黒物質かもしれない、といった仮説をもとに、理論的な提案が行われています。

そのうちの一つは、「超対称性」と呼ばれる対称性に基づいた提案です。素粒子の標準模型の対称性とは異なる、新しい対称性を理論に導入して、その対称性を用いることで、理論の不思議な部分を改善する、という方向が探られています。「超対称性」はそのような対称性の一つで、知られている素粒子の場のそれぞれに対し、「超対称パートナー」と呼ばれる新しい素粒子を導入します。このように拡張された素粒子の標準模型を、「超対称標準模型」と呼びます。

対称性が導入されると、その対称性を作り出すための素粒子が必要になります。これは、粒子に対してその数を数える電荷に起因する対称性を考えると反粒子が導入されることと同じです。言葉を換えて言うと、実数の場が複素数に拡張されることで回転対称性が現れることと同じです。超対称性の場合も、そのようなことが起こります。この超対称性を仮定することで新たに導入された素粒子が、暗黒物質ではないか？　という仮説が提案されているのです。

このように、新しい対称性がもし素粒子の標準模型に導入されると、新しい素粒子に対応する場（関数）を導入する必要が出てきます。そして、作用Sに新たな項が加わります。この項は、新しい場（関数）で書かれます。新たな項のおかげで、作用Sは、対称性変換によって不変に保たれるようになります。すなわち、Sがより多くの対称性、より厳しい制限を満たすようにに書かれるのです。

特に、超対称性が導入された場合、場の量子論が計算上、より「安定」になることが知られています。場の量子論の不安定性とは、ファインマン図で計算をしたときに、さまざまな無限大が計算結果に表れてしまうことを意味します。このような無限大が発生しないためには、超対称性は、計算的に有効なのです。

超対称性仮説が正しいとすると、理論の安定性から、超対称パートナーの素粒子が、加速器実験で発見されることが期待されています。現在のところ、そのような新素粒子は、加速器実験ではまだ見つかっていません。これからのさまざまな実験観測に期待しましょう。

暗黒物質の候補には、超対称パートナー粒子だけではなく、さまざまなものがあります。例えば、空間次元を3ではなく4やそれ以上とするような理論提案も数多く存在します。この変更によると、作用Sの初めに表れている空間積分が、4次元や5次元の空間積分に置き換わります。そして、高次元積分を3次元積分に分解することで現れる新しい場を、暗黒物質の候補とすることもできるのです。

さまざまな理論提案は、暗黒物質のさまざまな性質を予言します。近い将来、暗黒物質が実際に実験で「発見」されたとき、その性質を調べる実験から、どの理論提案が「正しい」理論提案であったかが検証されることでしょう。このように、宇宙を支配する数式は、アップグレードされてゆくのです。

第7講義

宇宙の謎リストと未来の数式

美咲パパの車から降りて、美咲と私は駅前のモールにある雑貨屋に入った。新しいお店でひときわ私の目を引いたのが、上のほうの棚に置いてあった、「家庭用プラネタリウム」だった。星を見るのが好きだから、今の私の部屋には、銀河の写真のカレンダーがかかっている。プラネタリウムを自分の部屋で眺めたら、ワクワクしちゃうだろうなぁ。

「ねぇ美咲、この『ミニプラネタリウム』、欲しいなぁ。きっと楽しいよね。ちょっと、値段は高いけど」

「ふふふ。リカの部屋で、天井とかに映すの？」

「そうそう。まずは、部屋を真っ暗にしないとね」

「でもこれ、暗黒物質は映らないよね」

私たちは顔を見合わせて、笑った。

「リカ、星とか、そういうの好きだよね。これ、ちょっとお財布には厳しいけど」

美咲はそう言って、隣のコーナーに文房具を探しに行ってしまった。

暗黒物質は、映らない。けれど、ある。暗黒物質は、何なのか。宇宙を支配する数式に、どう加わるのか。

美咲パパの言葉が、頭に残っていた。人類の挑戦や……

急に、人類がどんな挑戦をしているのか、気になってきた。美咲を見つけると、文房具を三つほど握りしめていた。

「ねぇ美咲、せっかくだから今日、美咲パパにもうちょっと教えてもらおうよ、あの数式のこと」

「え？　リカ、どうしたの？」

「美咲パパ、今クリーニング屋さんにいるんでしょ。電話して。ね、もうちょっとだけ、ね」

店の外で、美咲はしぶしぶ、美咲パパにスマホで電話してくれていたけど、電話を切ったあとは嬉しそうな顔をしていた。

「パパが、どこかでケーキでも食べようか、って！」


「これが最後の10分講義やで」

美咲パパは、チーズケーキを頬張りながら、クリーニング屋さんでもらった紙の裏側に書き始めた。

「あの『宇宙を支配する数式』に登場する素粒子たちを、ここに並べて書いてみよう。全部で記号は18種類やったな。物質をなす素粒子、力を伝える素粒子、質量を与える素粒子。ほんで、未発見やけど、重力子」

スラスラと、18種類の記号が書かれていく。

「あの数式は、たくさんの物理学者が100年以上の時間をかけて作りあげた、人類の英知の結晶や。けどな、これでは誰も満足してへんねん」

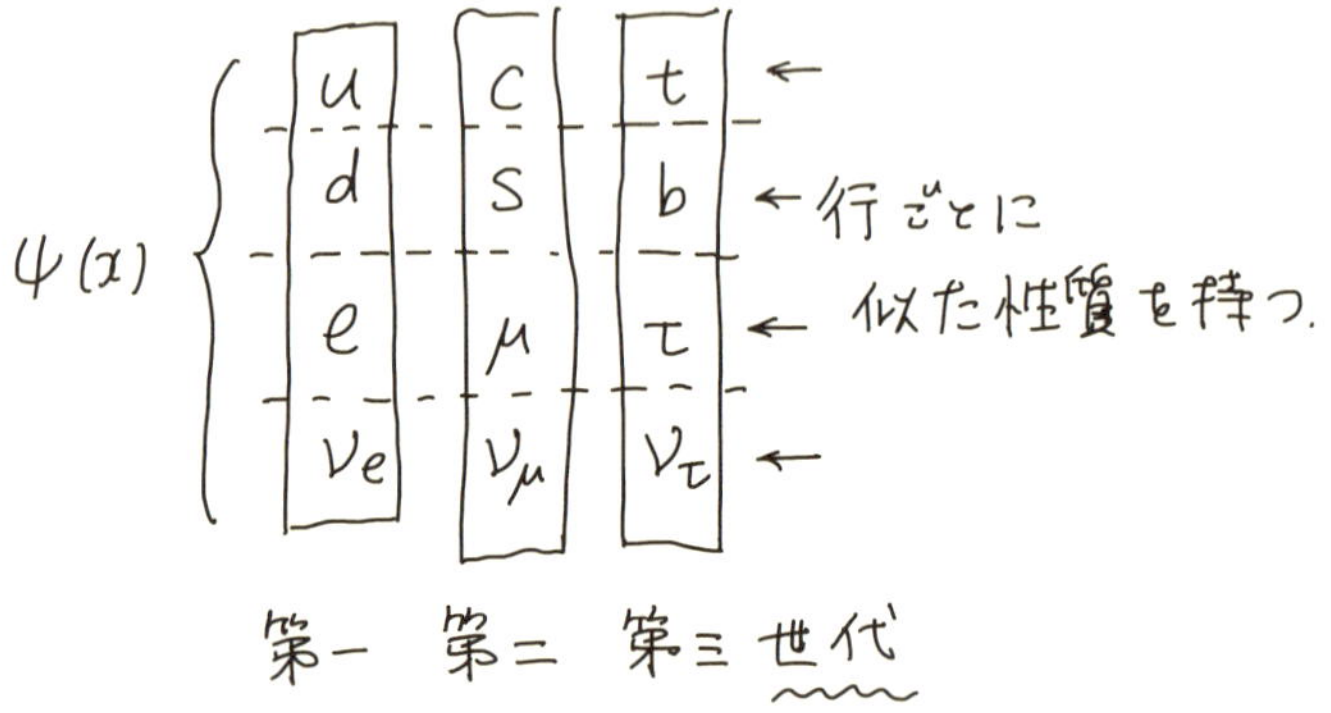

図19

美咲がチョコレートケーキをフォークで持ち上げながら、

「暗黒物質でしょ」

と言って、黒いケーキを美味しそうに食べる。

「それもあんねんけど、それだけちゃうねん。もっともっと、不思議なことがいっぱいあるんや。例えば、何でこんなに素粒子には種類があるんや、っていう問題」

美咲パパは、紙に書かれた記号を指で一つ一つなぞった。

「物質をなす素粒子には12種類ある。こいつらの中には、ムッチャ似た性質の『親戚』みたいなんがおるんや。例えば、電子eの『いとこ』は、ミュー粒子μ《ミュー》とタウ粒子τ《タウ》。こいつらは電子と似てるけど、質量が違う。何でこんなんがおるんか。とか、な」

私は、何が問題なのかわからなくなったので、聞いてみた。

「たくさん種類があると、どうしてマズイんですか？」

「うーん、例えば、やな、このカフェにはケーキが30種類もあるって宣伝してるやろ。けど、もし、それぞれのケーキで違う材料を使わなあかんかったら、大変やんなぁ。その代わりにもし、基本の具材をいくつか用意して、それをいろいろと組み合わせることで、ケーキの種類をぎょうさん作れたら、ええやん。じつはこの宇宙は、そういうふうにできてる、っちゅうことを人類は発見してきたんやな。つまり、宇宙にはものすごい多彩な現象があるやろ。人間がこうやってケーキ食ってるとか、そういうのも含めて。それが、18種類の関数でほとんど再現できる、っちゅうところまで人類は到達したわけや。そしたら、もっと数が減ってもええはずやろ」

「パパ、そういえば高校で元素記号を勉強したんだけど、あれ、たくさん種類あるよね」

「そやな、19世紀からわかってきたことは、『この世界が元素でできてる』っちゅうことや。元素の種類は100以上もあるけど、じつは元素には番号がついてるやろ」

「原子番号、って習った」

「あれは、な、原子の中心にある原子核に、何個の『陽子』があるか、ちゅう数なんや。つまり、100以上もある種類の元素は、陽子の数で種類が分かれてるだけで、それぞれ全く別物の素粒子ではないんや。そう理解できたことで、元素の性質がわかるようになったんやで」

宇宙を作っている素粒子の種類は、もっと減るかもしれない。18種類は、まだ多いっていうことか。

「それで、科学者は、どんな提案をしてるんですか?」

一番聞きたい質問を、思い切ってしてみた。

「もっと少ない種類になるんちゃうか、ちゅう提案が、たくさんある。けどな、これはパズルみたいなもんで、なかなかうまくいかんのや。まずは、今までに判明して、素粒子の標準模型の一部に取り入れられてる仕組みがある。これは『ワインバーグ－サラム模型』ってゆうてな」

美咲パパは、18種類の素粒子のうち、2個ずつをまとめ始めた。uとd、sとc、……

「2012年に、ヒッグス粒子Φが実験で発見された、っちゅう話したやろ。あれが見つかったことは、ワインバーグ–サラム模型が完成したことを意味するんや。この模型は、宇宙を支配する数式の一部になってるんやで。この表で、二つずつまとめたやつ、あるやろ。そいつらが同じところから来てる、ちゅうことが判明したんや」

「同じところから来ているって、どういう意味ですか？」

「そやな、例えば、力を伝える素粒子で、γ《ガンマ》、W、Z、この三つが一緒にくくられてるやんか。この粒子たちが媒介するそれぞれの力には、もともとある基本的な力があって、それが分かれて混ざって見えてる、ということなんや。実験による測定では、電磁気力を媒介する光子γは質量がないけど、『弱い力』を媒介するWとZは質量がある。この違いは、見かけ上のもので、ほんまはもともとは同じ種類のものやった。これが、『電弱統一理論』と呼ばれてる。ワインバーグ–サラム模型なんやな」

「ワインバーグ–サラムって、人の名前？」

と聞きながら、美咲はスマホで検索している。

「あ、でてきた。二人の物理学者の名前、ね」

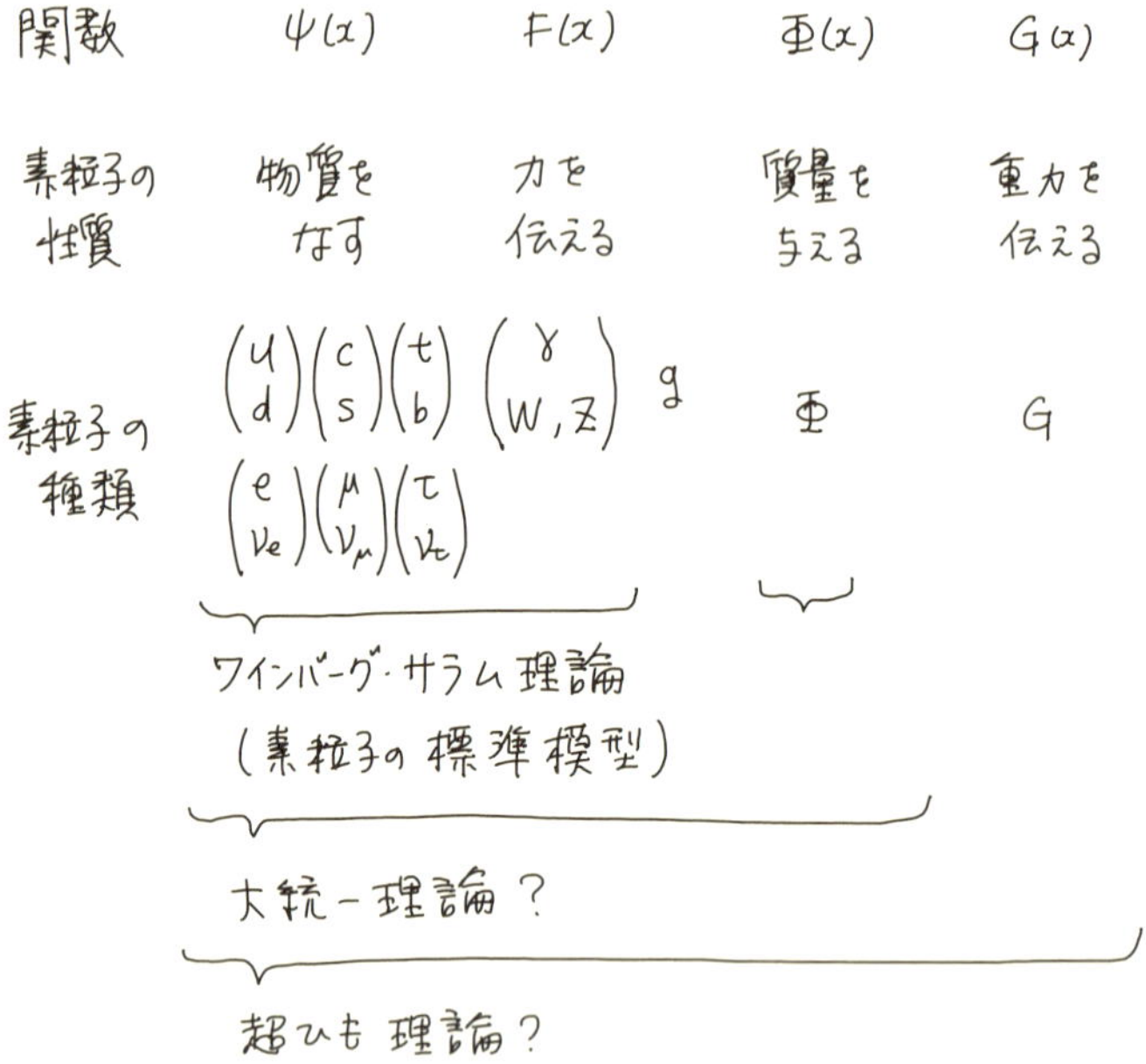
関数
Ψ(x)
F(x)
Φ(x)
G(x)
素粒子の性質
物質をなす
力を伝える
質量を与える
重力を伝える
素粒子の種類
u d
c s
t b
γ
W, Z
g
Φ
G
e νe
μ νμ
τ ντ
ワインバーグ・サラム理論
(素粒子の標準模型)
大統一理論?
超ひも理論?

図20

「模型の提案は70年代やな。２０１２年にヒッグス粒子が見つかって、その部分がついに実験的に正しいと判明したわけや」

美咲パパは、その表の下に、大きなくくりで「大統一理論？」と書き足した。

「けど、まだ、グルーオン g が媒介する強い力は、仲間はずれやし。そこで、『大統一理論』っちゅうのが提案されてる。こいつの実験的な証拠は、まだないねんけど、な。そや、大統一ってどんな感じか、ちょっと説明したるで。例えば、この表の中で、アップクォーク u とダウンクォーク d、ほんで電子 e と電子ニュートリノ ν《ニュー》を取り出してこよう。表には細かすぎて書かれへんかってんけど、クォークはそれぞれ、『色』を持ってて、赤、緑、青、の三つの種類があるねん。しかも、クォークと電子は、左手型と右手型の2種類があるねん。そやから、色と右手左手を、英語の頭文字を使《つこ》て添え字で書くと、ほんまはこんだけになるんや」

美咲パパは素粒子に添え字を書き始めた。u、d、e、ν の4種類だと思っていたものが、全部で15種類にまで増えてしまった。

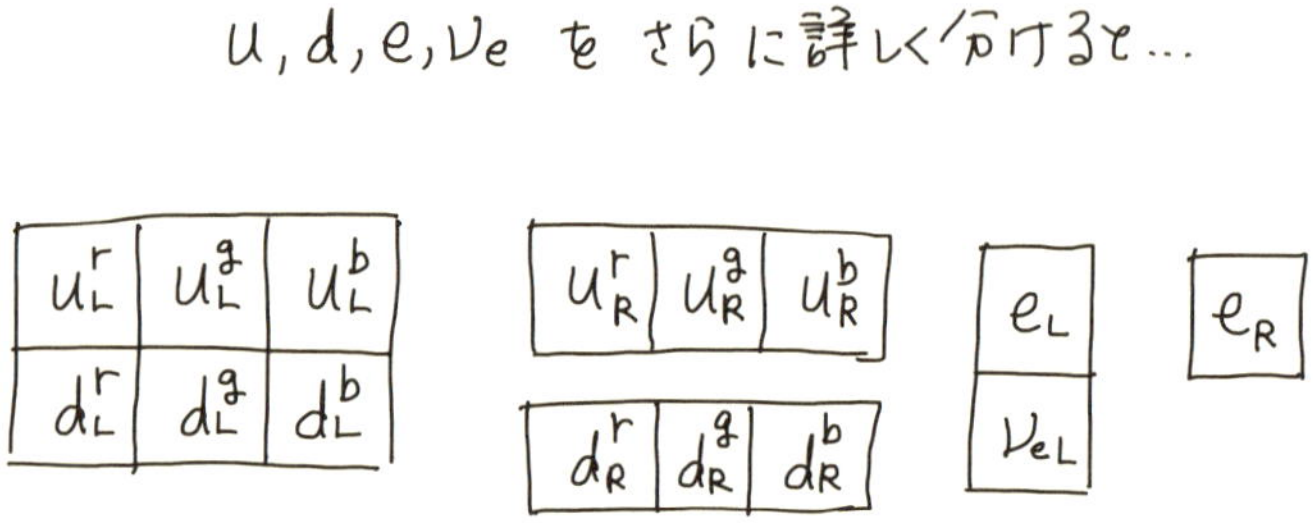
u, d, e, ν_e をさらに詳しく分けると…
u_L^r u_L^g u_L^b
d_L^r d_L^g d_L^b
u_R^r u_R^g u_R^b
d_R^r d_R^g d_R^b
e_L
ν_{eL}
e_R

図21

「この素粒子たちは、三つの色の種類で兄弟になってて、そいつらはグルーオンの強い力で関係してる。そやから、三つの箱でまとめて書いてる。ほんで、縦の二階建て構造の箱は、弱い力で関係してるやつらで、それもまとめて書いてる。これが、ワインバーグ-サラム模型による分け方や。そこで、強い力と弱い力を統一できるような、大統一理論があったとしよう。こいつらは、こんなふうにまとめられるんや」

3個や2個の箱でまとめられていた素粒子が、新しく書かれたサイズが5の箱、2種類に収まった。

「よう見てや、もともとあった15種類の素粒子が、2種類の箱に収まってるやろ。これが、大統一の可能性や」

「えー！　こんなパズルみたいな話で、はめるだけで大統一って言っちゃうんですか？　これだと、私でもいろんなパターンを考えられそう」

と私はびっくりして、言ってしまった。素粒子の大統一って、とても難しそうなイメージだったんだけど、こんな合わせ絵みたいなパズルだったら……

「ははは。まあ、ほんまはもっといろんな条件をきちんと考えなあかんけどな、でも、基本はこういう箱の統合みたいなもんや。サイズが5の箱に入る、っちゅうことは、ジョージアイとグラショウっちゅうアメリカの物理学者が見つけたんやけど、そもそも、そういう箱に入るということ自体が奇跡的やな。そやから、大統一が起こってるんちゃうかと考える物理学者も多いで」

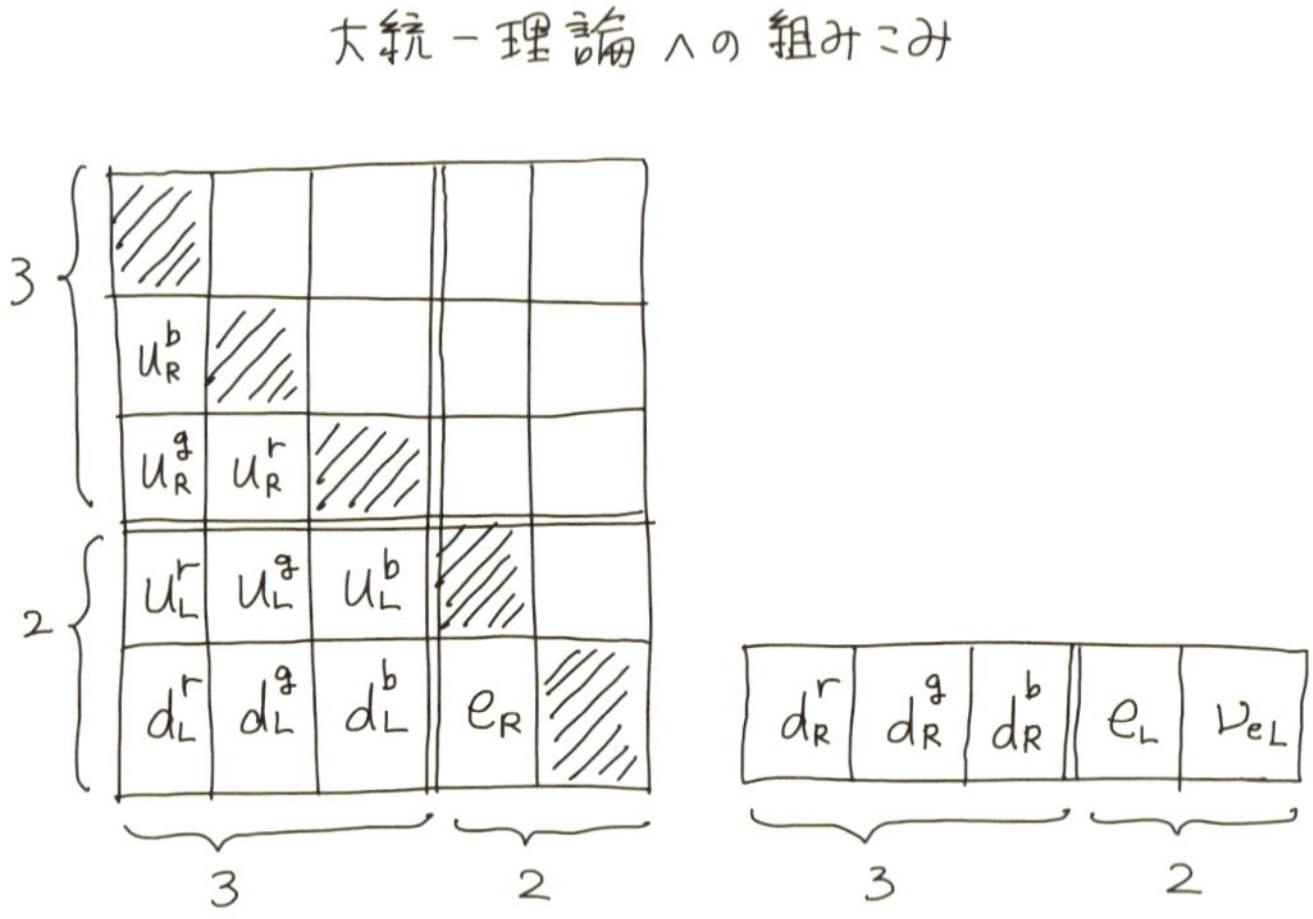

大統一理論への組みこみ
3
2
u_R^b
u_R^g u_R^r
u_L^r u_L^g u_L^b
d_L^r d_L^g d_L^b e_R
3
2
d_R^r d_R^g d_R^b e_L ν_{eL}
3
2

図22

「じゃあ、どうして、まだ『可能性』とか『提案』なんですか？」

「それは、まだ実験的な証拠がないからや。もし大統一がほんまに起こっていたとしよう。そしたら、この表によると、クォークと電子が一つの大きな箱に入ってるやろ。もともと、クォークの三つの色のやつが並んだ箱に入ってたのは、強い力で移り変われる兄弟やからや。そやから、大統一がホンマやったら、クォークと電子がさらに兄弟になって、お互いに移り変われることになる。そんな現象は、今まで実験的に見つかってないんや」

「パパ、そういうの、見つかったらいいねぇ。もちろん、探してる人いるんでしょ？」

「これはな、『陽子崩壊』って言われてる。陽子はクォーク三つでできてるんや。もし、クォークと電子が移り変わったとすると、陽子が陽子ではなくなってしまうわけやから、そういう現象を陽子崩壊、っちゅうんや。陽子崩壊を物理学者は実験で探し求めてるけど、今んとこ、観測されてへんねん」

「あー。残念ね……じゃあ、大統一は、ないっていうこと？」

「いや、それはまだわからん。もう少し待ってたら陽子崩壊が見つかるかもしれんし、いろんなタイプの大統一が提案されてるからなぁ。箱のサイズが10のタイプとか、27のタイプとか。それによって、陽子崩壊の起こる比率も違うし」

そうか、いろいろな提案があって、それぞれの提案が、実験で確かめられていく、って美咲パパが言ってたのは、そういうことか。科学者が、数式に登場する関数の種類をまとめる提案をし

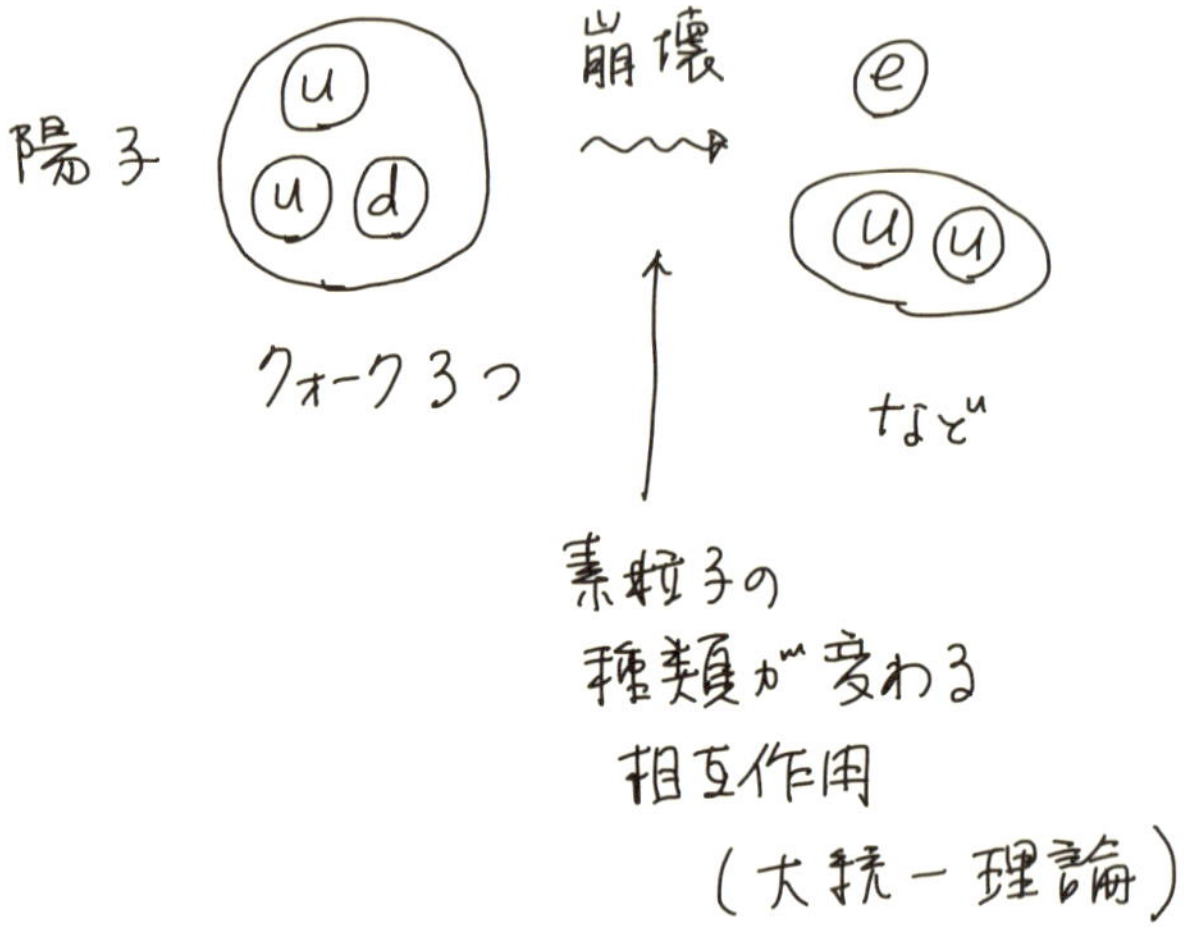

図23

て、そのまとめ方から、新しい現象を予測する。そして、それが実験で確かめられたら、そのまとめ方が選ばれていくんだ。

「もし、陽子崩壊が見つかったとして、そうしたら、あの数式は変わるんですか？」

「もちろんや。覚えてるかな、宇宙を支配する数式には、Fに添え字がついていて、1番目、2番目、3番目があるんや。こいつらは、今の表でいうと、1番目が光子γ、2番目がWとZ、ほんで3番目がグルーオンgや」

私はカバンから、宇宙を支配する数式を書いた紙を取り出した。確かめてみると、Fが入ってる項は三つ書かれていた。

「あれ、リカ、今日もそれ持ち歩いてたの？　こないだも学校に持ってきてたよね」

私は少し恥ずかしくて、

「いや、たまたまよ！」

と否定してしまったけど、じつはそうじゃない。気になって、初めてこの式を書いたときから、持ち歩くようにしてた。

「リカちゃん、紙持ってきてエラいやんかぁ。そうそう、ここのFの3種類が、人統一になると、一つにまとまってしまうんや。つまり、素粒子に働く三つの力が、一つの力になって、統一される。全然違うと思ってた力が、じつは一緒やった、という魅惑的なシナリオなんや。式はその分、短く、簡単になるわな」

「4行あった、宇宙を支配する数式が、3行になるかもしれないんですね」

「そや、そや」

「そうしたら、最終的には1行になってしまう？」

美咲パパはニヤッとして、

「短くするには、な、この1行目のアインシュタインのところを何とかせなあかん。重力との統一、やな。これは、質的に難しい。数式見ても、他の力とは書かれ方が全然ちゃうやろ。重力とも統一してしまう、っちゅう統一理論の候補が、いわゆる『超ひも理論』や」

美咲がそこで、目を見開いた。

「あ、あれ！　あれあれ！」

「美咲、どうしたん？　あれって、何？」

「リカ、私ね、じつは、このパパの講義が始まる前に、パパからマンツーマンでもう一つの講義受けたのよ。それが、超ひも理論の異次元の話」

「えー！　美咲、そんなこと、私に言ってなかったよね？」

美咲は口を「へ」の字に曲げて、

「だって……覚えてる？　この前、リカが私をからかったでしょ、『美咲の話し方は異次元みたいだ』って。私、ちょっとくやしくて、異次元のことをもう少し知って、リカを見返そうと思ってた。そしたら、どうしてかわからないけど、超ひも理論の異次元の話を、パパから毎日10分で聞くハメになっちゃったのよ」

「美咲、おまえそれ、リカちゃんに秘密にしとったんかいな。しかも、『聞くハメになる』とか、失礼な言い方やなぁ」

みんなで顔を見合わせて、大笑いしてしまった。


「美咲、それで、前回の美咲パパの10分講義、わかった？」

ケーキを食べ終えて、私は聞いてみた。

「うーん、何となくわかるところもあったような気がするけど、ぶっ飛んでて、しかも、もう忘れちゃった。異次元があってもなくても同じ、とかパパ言ってたよね？」

「おまえ、もう忘れたんか……リカちゃんは、今週の話、あんまり忘れんといてな……」

美咲パパは両手をパン！っと合わせて、私に頭を深く下げた。

美咲と私はまた、大笑い。

「パパ、でもね、素粒子が小さな小さな『ひも』だと考えるとすると、閉じたひもが重力で、開いたひもが光子、っていうのは覚えてるよ」

「おーぅ、美咲、そこ、よう覚えててくれたな。いっちばん大事なとこやんか。つまりな、超ひも理論やと、重力とその他の力が、統一される可能性がある、っちゅうことや。ま、超ひも理論も実験では確認されてへんから、まだまだ理論的な提案の話やけどな」

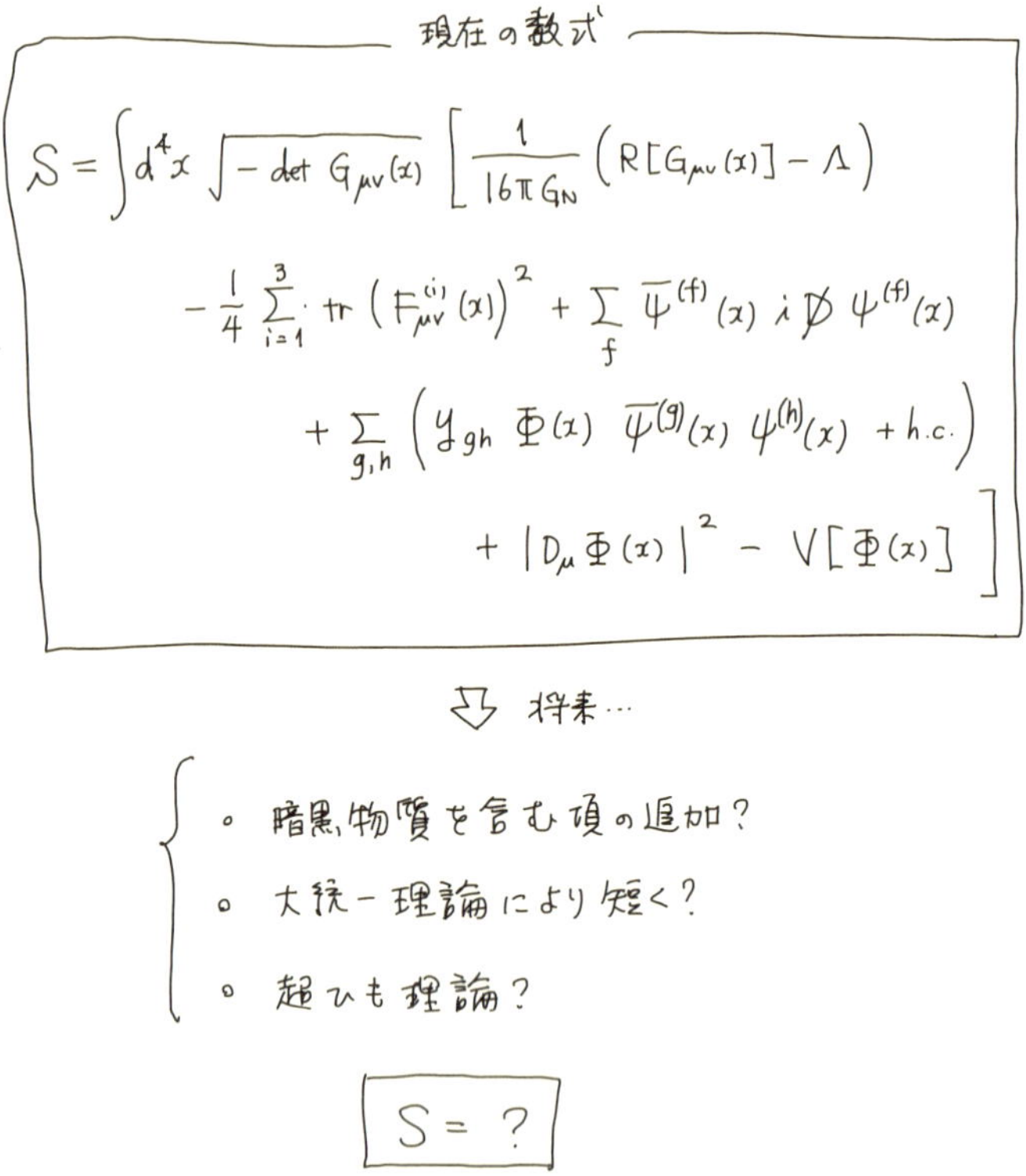
現在の数式
$S = \int d^4x \sqrt{-\det G_{\mu\nu}(x)} \left[\frac{1}{16\pi G_N} \left(R[G_{\mu\nu}(x)] - \Lambda \right) - \frac{1}{4} \sum_{i=1}^{3} \mathrm{tr} \left(F_{\mu\nu}^{(i)}(x) \right)^2 + \sum_f \bar{\Psi}^{(f)}(x)\, i \not{D}\, \Psi^{(f)}(x) + \sum_{g,h} \left(y_{gh}\, \Phi(x)\, \bar{\Psi}^{(g)}(x)\, \Psi^{(h)}(x) + h.c. \right) + \left| D_\mu \Phi(x) \right|^2 - V[\Phi(x)] \right]$
将来…
・暗黒物質を含む項の追加？
・大統一理論により短く？
・超ひも理論？
$S = ?$

図24

どうやら、統一にはもっと深い話があるみたいね。あとで美咲に教えてもらおう……

「宇宙を支配する数式を短くするために、いろんな提案があるんですね」

「そやねん、あの数式には、もっともっと、たくさん謎があるんやで」

「え、パパ、例えば、どんな？」

と、美咲が身を乗り出してきた。

「そやな、思いつくトコからゆうていこか。わからんでもエエから、聞いとき。まず、自由に変えられる係数の値がどう決まるのか？　暗黒エネルギーは宇宙項Λなのか？　もしそうなら、なぜ宇宙項の値は小さいのか？　そもそも、なぜ四つの力があるのか？　なぜ物質には繰り返し構造があるのか？　なぜ繰り返し構造は階層に分かれているのか？　なぜ対称性が破れるものと破れないものがあるのか？　破れるときには、破れるメカニズムはたった一つなのか？　つまり、ヒッグス粒子は1種類だけなのか？　そもそも、対称性を司るのはゲージ粒子だけなのか？　なぜ重力が仲間はずれなほど弱いのか？　エネルギーを上げていくとどこかで打ち止めになるのか？　ブラックホールと素粒子の関係はあるのか？　対称性の種類には制限があるのか？　なぜ空間は3次元なのか？　なぜ時間は一つしかないのか？　量子力学はもう変更されないのか？　アインシュタインの相対性理論はどこまで正しいのか？　超ひも理論だけが重力と量子力学を統合する理論なのか？　高次元の重力理論で素粒子が書けるのか？　超対称性は結局あるのかないのか？　インフレーションはどうやって起こったのか？　インフレーションを起こす素粒子は何なのか？　宇宙項とインフレーションの関係はどうなっているのか？　超ひも理論は観測で実証できるのか？　我々は高次元の膜の上に住んでいるのか？　…………」

私は美咲と目を合わせて、美咲パパの言葉を、ただただ、聞いていた。言葉は全然わからないけれど、あの数式には、解かれていない謎がたくさんあるらしい。美咲パパはそのあと、10分ほど、延々と謎を列挙していた。私には、それは永遠に続くかとも思えた。カフェには、美咲パパの宇宙語が、こだましていた。

たった4行の数式。人類の知る宇宙のほとんどすべてが、そこに凝縮されている。でも、数式は完成していない。たぶん、人類はまだ、その本当の意味をわかっていない。

今日の美咲パパの話のまとめ

- 宇宙を支配する数式には、謎がある。なぜたくさんの種類の素粒子があるのか。
- 素粒子をまとめ上げる「大統一」の提案がある。けど、実験で確認されてない。
- 超ひも理論では、重力も統一される。けど、これも実験で確認されてない。
- 謎は、たくさん、ある。

とリカのLINE

【浪速阪《なにわざか》のメール】 2月19日

Subject: Re: Hi

Dear A,

Thank you for your quick reply!
And it is very nice that finally I can visit you in the summer.
The week is just before a workshop in Korea which I organize, so it suits my schedule.

By the way, these days I taught my daughter and her friend (well she is already a high school student! Time flies.) about how the particle physics is constructed.
They seem to be surprised to know that in fact the universe is written solely by a single Lagrangian... :)
I have more stories about everything.
See you soon,

Sherlock

けっきょく、式はまだ完成してない

残念？

残念だけど、ホッとした

うーん、なんとなく、わたしも

そうよね！！

ぜんぶ、わかってたら、つまんないよね

そう、つまんない

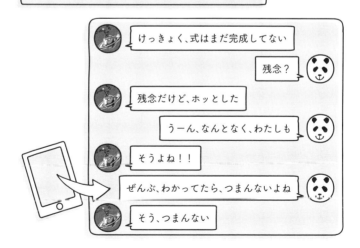

さらに深く知りたい方へ

❼ 大統一理論と超ひも理論

もし、素粒子が全て「ひも」であり、超ひも理論と呼ばれる仮説が正しかったとしましょう。そうすると、宇宙を支配する数式は、どのように変更されるのでしょうか。

超ひも理論の基礎方程式は、作用Sの言葉で書くと、「S＝A」と書かれます。非常に短いですね。（じつは、短さを強調するためにわざと省略して書いてしまいました。本当は、Aを定義しなくてはなりませんから、もう少し長いです。）Aとは、ひもが運動するときに時空を掃く面積を表しています。超ひも理論の作用は、ひもの掃く面積で与えられるのです。

作用が与えられると、最小作用の原理により、古典的なひもの運動が決定されます。また、作用によって、場の量子論も規定されるので、量子力学的な計算も可能になります。

大変面白いのは、この超ひも理論の作用から出発すると、宇宙を支配する数式の第1行目と第2行目をほぼ再現することができるのです。つまり、宇宙を支配する数式の、力を司る部分が、超ひも理論によって導出されます。

このことは、重要な意味を含んでいます。本文の講義で言及されたように、数式の第1行目と第2行目は、かなり違う形をしています。第1行目は重力を司る一般相対性理論、第2行目は電磁気力や強い力、弱い力を司る「ゲージ理論」と呼ばれる部分です。それぞれ、対称性で規定されていますが、その対称性が、一般相対性理論のほうが「時空の対称性」であるぶんだけ、構造が異なっているのです。

第1行目と第2行目を統合するということは、場の量子論の枠組みに一般相対性理論も組み入れる、ということを意味しています。超ひも理論は、素粒子を小さなひもだと仮定して、$S=A$と書くことで、第1行目と第2行目を同時に導出し、統一理論の理論的候補となっているのです。

一般相対性理論は、時空そのものの曲がり方などを規定するため、素粒子物理学における重力との統一は、特別な意味を持っています。つまり、この宇宙の空間として、どんなものが許されるか、ということすら、規定してしまう可能性があります。その中には、「空間はなぜ3次元なのか」といった謎も含まれています。

これらの時空の謎と、宇宙を支配する数式の第3行目や第4行目は、どのように関係しているのでしょうか。いろいろな謎が、きっと、相互に関係しているのでしょう。

人類は「素粒子の標準模型の作用」という素晴らしいものに到達しました。本書では、その数式を、詳しく眺めてきました。その過程では、なぜその数式がそう書かれているのかということが、宇宙や自然ある現象と密接に関係していることを見てきました。一方で、浪速阪教授（美咲パパ）が最後に挙げたように、標準模型の作用には、まだまだたくさんの謎が残されています。

この数式は、これからも時代を経て、より美しい形へと変貌していくことでしょう。

復習

そもそも、なぜ、たった一つの式？

月曜日の朝。美咲と学校へのいつもの登校の道。

「ねえ美咲。美咲パパの『宇宙を支配する数式』の授業、本当に一回10分で、1週間で終わったね」

「私はよくわかんなかったとこも多かったけど、何とか最後まで、話を聞いちゃったね。まぁ、内容はパパの趣味だし……リカはどうだった?」

そう聞かれて、私はすぐに言葉が出なかった。正直なところ、美咲パパみたいな「科学者」っていう職業に面食らってしまった、というところも大きい。でも、それは美咲にとっては、きっと日常のことに違いない。それに、私はただ、「宇宙を支配する数式」っていうのがそもそも、ある、っていうことが、一番の驚きだった。一番初めに美咲パパが話してくれたこと。そして、自分でその式を書いてみたこと。

「あのね……美咲はあんまりビックリしなかったかもしれないけど、私、宇宙を支配する数式っていうのがあるってことに、ビックリしちゃってね」

「あー、リカも、そこ、ね。私も、私も」

「え、美咲も、それ?」

「ちょっとねー、『宇宙の全部を支配』とか言われちゃうとね、すごいとしか言えないよね。いくら私のパパが言ってるとしてもね」

私たちは、顔を見合わせて、笑った。

「リカはあの数式、結構真剣に書いてたよね」

「美咲こそ、素粒子の表を自分で書き直してたじゃん」

なんとなく、お互いに照れながら、黙って歩き続けた。学校に着く最後の角を曲がったとき、急に美咲が言った。

「そもそも、どうして『宇宙を支配する数式』は、一つしかないんだろうね」

私、じつは、その質問、昨日の夜に一人で考えてた。でも、そのことは、美咲には言わなかった。しばらく美咲も私も、何も話さずに歩いた。

そう、私たちが今歩いているこの世界も、あの「宇宙を支配する数式」に支配されてるんだ。

おわりに

私が初めて「宇宙を支配する数式」を見たのは、大学4年生の時でした。その時には、式があまりにも難しく見え、そして理解に至る道筋を与えてくれるはずの教科書も長大でした。教科書で一歩一歩、一つ一つの概念を学ぶうち、いつしか、4年生の私は、数式全体のことを深く考えるきっかけを失ってしまいました。

今思えば、それほど、この素粒子の標準模型の作用には、数多くの重要な物理概念が詰め込まれているため、学生がそれを学ぶうちに、たくさんの概念の中に溺れてしまって、結局「木を見て森を見ず」ということになってしまったのは、仕方がないことだったかもしれません。

けれども、「じつは宇宙が一つの数式に従っている」ということは、大変重要な事実です。私はその後、物理学者になり、折に触れて、この事実を深く考えるようになりました。そして、「宇宙を支配する数式がある」という、そのことだけでも、多くの人に伝えることが必要なのではないか、そして多くの人が基礎科学の意義を考えるきっかけになるのではないか、と思い始めました。私は大阪大学に着任してすぐに、「宇宙を支配する数式」と題する講義を、理系文系が入り混じるたくさんの1年生に向けて行いました。学生のレポートを読んで、私の思いはますます強くなりました。

それからもう5年ほどの月日が流れてしまいましたが、このように本の形で世に送り出すことができることを、とても幸せに感じています。数式の背後の概念は、大学院で素粒子物理学を専攻する学生が学ぶレベルの非常に高度なものです。しかし、その概念は、我々の常識的な観念とつながっていないわけではありません。本書では、そこをつなげてみようと心がけました。みなさんの心の中に、「なぜ、宇宙は一つの数式で書かれているのか?」といった、「なぜ?」という疑問が一つでも残れば、大変嬉しいです。それが、科学の芽だからです。

本書の執筆にあたり、講談社サイエンティフィク第2出版部の慶山篤さんには長い間面倒を見ていただきました。また、大阪大学の学生たちの私の授業への感想、そして一般講演に際しての参加者の方々のご意見がとても参考になりました。最後に、いつも私を励ましてくれる妻に感謝の意を表したいと思います。

カバーイラスト●ウラモトユウコ
ブックデザイン●大岡喜直（next door design）
そりうしパーカー●クレジット：Mt. MK

Profile **橋本幸士** はしもと・こうじ

1973年生まれ、大阪育ち。1995年京都大学理学部卒業、2000年京都大学大学院理学研究科修了。理学博士。サンタバーバラ理論物理学研究所、東京大学、理化学研究所などを経て、2012年より、大阪大学大学院理学研究科教授。専門は理論物理学、弦理論。

著書に『Dブレーン── 超弦理論の高次元物体が描く世界像』(東京大学出版会)、『超ひも理論をパパに習ってみた── 天才物理学者・浪速阪教授の70分講義』(講談社)などがある。

Twitterアカウントは@hashimotostring。

「宇宙《うちゅう》のすべてを支配《しはい》する数式《すうしき》」をパパに習《なら》ってみた

天才《てんさい》物《ぶつ》理《り》学者《がくしゃ》・浪速阪《なにわざか》教授《きょうじゅ》の70分《ぶん》講《こう》義《ぎ》

2018年3月23日 第1刷発行
2018年5月18日 第2刷発行

著　者　橋本幸士《はしもとこうじ》

発行者　渡瀬昌彦

発行所　株式会社講談社
〒112-8001 東京都文京区音羽2-12-21
販売 (03) 5395-4415
業務 (03) 5395-3615

編　集　株式会社講談社サイエンティフィク
代表　矢吹俊吉
〒162-0825 東京都新宿区神楽坂2-14 ノービィビル
編集 (03) 3235-3701

本文データ作成　美研プリンティング株式会社

印刷所　株式会社平河工業社

製本所　株式会社国宝社

 ISBN978-4-06-153164-2 NDC421 174p 19cm

講談社の自然科学書

超ひも理論をパパに習ってみた

天才物理学者・浪速阪《なにわざか》教授の70分講義

橋本幸士・著

四六判 159ページ　本体1,500円　ISBN 978-4-06-153154-3

フツーの女子高校生の娘・美咲に、
世界的物理学者（そして関西人）のパパが
“ホンマモン”の最先端物理――「超ひも理論」を伝授する。
かつてなくわかりやすい素粒子物理学講義！

CONTENTS

予習　異次元パパ
第0講義　一日10分で異次元がわかる、ってウマい話
第1講義　陽子の謎と、1億円
第2講義　異次元が見えていないワケ
第3講義　空間の次元を力で数えよう
第4講義　陽子の兄弟が多すぎる、という謎
休憩　科学者の世界を覗いてみた
第5講義　異次元を使って陽子の兄弟を説明する
第6講義　超ひも理論によると「次元はまやかし」！
第7講義　陽子の謎とブラックホール
復習　結局、異次元はあるんでも無いんでも、ない

※表示価格は本体価格（税別）です。消費税が別に加算されます。〔2018年5月現在〕
講談社サイエンティフィク　http://www.kspub.co.jp/